大是文化

沒有競爭對手的利基市場聖經

競争しないから儲かる！
ニッチな新規事業の教科書

不打價格戰、不接代工、毛利低於三成不做，
找出大企業不想插手的市場，
紅海變藍海最佳實務。

從零打造利基事業的實戰顧問
企業經營管理暨業務顧問
熊谷亮二——著

黃怡菁——譯

目錄

推薦序　利基市場，是創業最好的起跑點／Harry　009
前　言　我靠利基事業賺進千萬　013

第1章　不爭第一，只當唯一　019
1 綠蛙與金蛙，哪種蛙比較賺？　020
2 我在藍海市場找商品　024
3 利基生意怎麼找？DCA思考法　030
4 創效理論：從手上已有資源開始　036
5 七敗三勝，也能翻身　040
6 你的工作，就是打破你昨天做的事　045

第2章 花二〇%時間，做跟本業無關的事 051
1 開發利基市場的八個思路 052
2 我如何打敗蓄電池龍頭老大 063
3 賺錢生意，都是「打聽」來的 068
4 不費力的狀態，最能激發靈感 073

第3章 怎麼做，讓事情可行？ 075
1 有什麼是大廠做不到的？ 076
2 主動創造運氣 080
3 被人拜託時，別先說「No」 083

4 熱潮是商機，也是風險 088
5 我每三個月必看一次畫展 091
6 適度的厚臉皮 095
7 培養獨處的能力 098
8 參加也參觀展覽會 102

第4章 避開賠錢坑 109

1 從卡關到爆想的六步驟 110
2 別想挑戰產業領頭羊 115
3 毛利低於三成，不做 119
4 熱賣了，反而該退場 126
5 別只想降價，要想怎麼漲價 132

第5章 幫我賺進兩千萬元的獲利聖經 139

1 利基商品不一定要從零開始 140
2 注意政府的各種補助資訊 143
3 從海外找商品 149
4 羊毛出在「有錢人」身上 153
5 質疑現有的習慣和常識 157
6 顧客不買的理由，就是市場缺口 160

第6章 打造不競爭的護城河 165

1 你不用是天才，但要有熱情 166
2 找對的人商量 170
3 自己做不到的事，就交給專家 176

4 花點預算，認真為產品命名 180
5 藉由專利防止競爭者進場 184
6 將原料配方黑箱化 189
7 最強開發組合：年輕人和老將 192
8 找出大企業不會插手的小市場 197
9 像井一樣小而深的細分市場 203
10 原料成本，決定獲利模式 207

第7章 用小蝦釣大魚，拿下市占率 213

1 交易名單就是最好的宣傳 214
2 千萬別當下游廠商 221
3 西裝和隨身物品，都是生意投資 228
4 人事異動就是商機 230

第8章 我的公司，超過兩百家企業搶著要 233

1 吸引志同道合的人才 234
2 就算遇上大企業，我也平起平坐 238
3 退出市場，我最漂亮的轉身 241

後記 沒人競爭，讓我做到無可取代 245

推薦序

利基市場，是創業最好的起跑點

「我媽叫我不要創業」執行長／Harry

讀完《沒有競爭對手的利基市場聖經》前幾章，我腦中就浮現出一句話：「在利基市場[1]，找到創業起步的點子。」

我輔導過不少創業學員，就是起步時選擇了競爭激烈的市場環境，因為銀彈、經驗、品牌知名度不足，兩、三年後便黯然退場。

相對來說，找到切入的利基市場，透過最小且可行的產品快速驗證，這種打法

1 niche market，也稱利益市場、小眾市場。

真的超級作弊。但不可否認，這套方式是許多創業者起步成功、更穩定的關鍵。

目前市面上還沒有專門討論利基市場的書，畢竟更多人關注產品、行銷、消費者。但從第一章開始，我就十分認同，作者熊谷亮二對利基市場的理解以及運用。

例如：從開發利基商品到判斷市場，透過不同的模型思考，搭配作者親身實戰的案例分析，幫助讀者更快速理解，並且驗證在事業體上。或是，走過實戰才會知道的產品生命週期[2]，作者具體量化五個週期，教你如何透過營運、營收表現，來判斷產品還能做多久，以及是否應該加快腳步開發新品或服務。

這是很多創業新手都會忽略的關鍵，如果你不想當「一片歌手」，就必須學會用數據量化產品的市場狀況，才能讓創業項目穩定並且持續成長。

這本《沒有競爭對手的利基市場聖經》，已被我列入公司行銷部門的書單。這不是一本看完一次，就擱置書櫃、積生灰塵的作品，而是一本工具書，能在不同階段，提供值得學習的案例、思維模型；更是一本靈感書，能在創業過程中無數個夜深人靜的時刻，點亮你不同維度的靈感。

書中拆解的案例，不僅能在創業的每個時期帶來不同的想法，也不斷提醒：利基市場的優勢，以及各種操作注意事項。

至於，本書會不會成為你的創業聖經，端看你的執行力——別把時間浪費在猶豫上，而是該把時間用在學習、執行、優化、覆盤。

最後，感謝熊谷亮二的《沒有競爭對手的利基市場聖經》，讓我在產品製作以及市場切入上，獲得不少靈感。

我是Harry，來自墨樊創顧，除了創立自媒體品牌「我媽叫我不要創業」，也擁有跨境電商品牌。如果你也從書中獲得啟發，歡迎在社群分享想法，讓更多創業者一起受益。

2 Product Life Cycle，簡稱PLC。指新產品從一開始進入市場到最後離開市場的過程，包括五個階段：導入、成長、成熟、飽和、衰退。

前言
我靠利基事業賺進千萬

我在二十八歲那年創業，之後不斷挑戰新創事業，陸續打造出四間在利基市場獨一無二的公司。

在這個過程中，我經歷過多次失敗，但也有成功的事業。儘管我只是個中小企業經營者，依然能與多家大型企業直接合作，並且在沒有激烈競爭的狀況下，穩健經營超過三十二年。

也正因為沒有任何競爭對手，我才能收到兩百家企業併購（Mergers and Acquisitions，簡稱M&A）**的邀約**，最後在二〇二二年順利以企業併購，成功將公司轉讓出去。

在本書，我將以水井金蛙為概念，彙整自己的創業經驗，希望能對中小企業主、新創事業負責人，甚至是準備創業的人，提供些許實用的啟發。

這段話或許聽起來頗為玄妙，不過，關於金蛙的涵義，我會在第一章進一步詳細說明。

近年來，人工智慧（Artificial Intelligence，簡稱ＡＩ）快速發展、網路購物普及、大型連鎖店進駐各地，加上整體社會環境劇烈變動，商品與服務的壽命也越來越短。

在這樣的時代，沒有任何人能保證賺錢。

因此，我們必須從現在開始，主動尋找新的事業機會。如果你不行動，你的事業就會因為跟不上時代而被淘汰。

如果你心裡還是想維持現狀，不妨問問自己：

「如果從今天開始重新創業，你還會選擇現在的事業嗎？」

只要你有一絲絲的猶豫，就表示，是時候考慮轉型成利基事業，而本書就是你的聖經。

以汽車產業為例，長期以來，日本車廠如豐田（TOYOTA）等品牌，在全球車市中占有重要地位，當歐美與中國的廠商發現，在引擎性能與油電混合車[1]技術上無法超越日本時，便傾全力發展電動車[2]。特斯拉（Tesla）、比亞迪（BYD）等新興勢力，也在這波電動車熱潮中迅速崛起。

比亞迪創辦人王傳福曾說：「我們製造電動車，就像製造手機一樣。」這觀念對傳統車廠來說，是前所未有的顛覆與挑戰。

如今，日本車廠也不得不正面迎戰。

然而事實是，目前全球電動車市場的前十名中，沒有任何一家日本車廠上榜。尤其近幾年電動車的發展趨勢略有變化[3]，哪怕是長年以汽車產業為主力的日本，也無法在全球產業轉型中保持優勢。而這樣的變局，其實離你我並不遙遠。

---

1 Hybrid Electric Vehicle，簡稱HEV，結合傳統汽油引擎和電動馬達的雙重動力。
2 Electric Vehicle，簡稱EV。
3 根據國際能源機構（IEA）調查，二〇二四年全球電動車銷售成長率，從二〇二三年的四〇%降至一〇%左右，顯示電動車成長放緩。

既然你會拿起《沒有競爭對手的利基市場聖經》，就表示你已感受到某種危機，並且希望能找到符合時代需求、獨具特色的利基新事業。

不過，也許你會想：「利基市場哪有這麼簡單？」、「搞到最後一定會失敗！」甚至還沒開始就想放棄。

但事實上，利基事業的靈感就藏在日常生活中。只要稍微換個角度看待事物，就能發現創業的點子或商機。而要抓住這些靈感，你得從建立習慣、發想點子開始。這樣的習慣，誰都可以養成。

對中小企業來說，往往很難成為市場第一。即便你推出好點子、創立新事業，只要市場一成熟，大企業就會介入，輕易奪走你深耕的市場。

但如果你選擇特定領域、規模不大的市場（也就是小水井、小眾市場），你將更容易成為唯一，甚至創造出高獲利的商業模式。

關鍵就在於，你是否願意拋開框架、保持好奇、發揮創造力並付諸行動。

在本書，我將分享自己這三十二年以來，如何培養創意習慣、找出利基市場、實現點子、與大企業合作等寶貴經驗與實務技巧，而且完全沒有艱澀的術語或複雜理論，任何人都可以實踐。

我們所預見的未來，正迅速接近。能否藉由事業重組，開創全新利基事業，提升公司價值，就看你怎麼選擇。

華特．迪士尼（Walt Disney）曾說：

「如果我不能持續探索新世界，我就會失去生命力。」

這句話流傳超過七十年，至今依然深深鼓舞著每一個人。

眾所周知，他五十多歲才跨足截然不同的領域，創造出迪士尼樂園。

一旦你能創造出獨特的商品或服務，不僅能與從未合作過的公司、甚至全新產業搭上線，還可能翻轉整個事業、改寫遊戲規則。

請從閱讀這本書、提出點子開始吧！

只要能建立習慣，即使是你目前從事的本業，也有機會迎來創新突破。

在這條路上，若本書能助你一臂之力，對我來說，將是無比的榮幸。

第 1 章

不爭第一，只當唯一

1 綠蛙與金蛙，哪種蛙比較賺？

你看過金蛙嗎？

二〇二三年，日本以金山聞名的新潟縣佐渡島[1]，一名小學生發現了一隻罕見的金色青蛙，引起大批媒體關注。這種青蛙是因為DNA（Deoxyribonucleic acid，脫氧核糖核酸）出現異常，導致體內缺乏黑色素（melanin），而呈現出不一樣的色澤。在過去，金蛙也曾在高知與愛知[2]等地被目擊，一度蔚為話題。

說到青蛙，我們最熟悉的應該是綠色的雨蛙，在日本各地都很常見。但是金蛙就不同了，因為極其稀有，並且具有高度話題性。

在這裡，我想將綠蛙與金蛙譬喻成兩種類型的公司。

目前日本擁有建設業許可的公司，大約有四十八萬家。綠蛙就像是其中一間普通的建設公司，在市場上隨處可見。

雖然規模有大有小，但沒有明顯差異，也沒有獨特之處，所以發包方並不具客戶風險（按：客戶的行為可能對企業造成潛在的損失或風險）。因此，在多數情況下，業主往往會找幾間公司比價，反正誰便宜就選誰。

尤其是中小企業，經常淪為大型建設公司的下包、甚至是下下包，不僅利潤低，還容易被取代。

這樣的公司，就像是遍地可見的綠蛙。

那麼，如果是一間像金蛙的建設公司，又會是什麼模樣？

比方說，專門負責修復國寶級寺廟法隆寺的日本傳統木匠團隊，他們就是典型

1 位於日本新潟縣西邊的小島，是日本四大主島之外，僅次於沖繩的第二大島嶼；過往是日本知名且最大的金銀礦產地。

2 高知縣位於日本四國地區，而愛知縣則位於中部地方。

的金蛙公司。

他們擁有極高的工藝與專業技術，自然可以收取相對高昂的費用。當然，像法隆寺這類建築數量有限，市場本身規模並不大。目前在日本，全國實際從事傳統木造建築修復工作的人，也不過百人左右。

但這種高度專業且極為稀少的公司，就像金蛙有無可取代的價值。

不只是高收費，甚至能主導工作時程。因為客戶若想完成這項特殊任務，幾乎別無選擇。

換句話說，綠蛙只能聽命行事，但金蛙卻能在有利條件下工作。

金蛙還有一項優點，就是不會被大企業奪搶走市場。為什麼？

因為金蛙棲息在小井，也就是利基市場。所謂的大企業就像鯨魚，不只鑽不進井裡，就算硬鑽進去，也無法生存。

更重要的是，大企業根本不會想要進入這口井（市場）。

綠蛙與金蛙，你想成為哪一種？相信大多數人都會選擇金蛙。

那麼，該怎麼做，才能成為金蛙？

關鍵就在於，**勇敢挑戰「同業沒人願意做、沒人想到、或根本做不到」的事**。一旦跳進沒人搶的井，你就成了唯一的勝利者。

對生物來說，最重要的就是「生存」。自然界中，許多生物能生存，正是因為有明確的棲地劃分與共生機制，也就是大自然的多樣性，才讓牠們得以共存。

企業也是如此。即便是小公司，只要在自己能存活的環境，就能穩健成長。

2 我在藍海市場找商品

如果你想成為金蛙公司，就必須開發其他公司不願意做的利基商品或服務。

那麼，利基是什麼？

niche源自拉丁語nidus，原意是「巢」，後來在西方建築中，被用來指牆上放置花瓶或雕像的凹槽。

到了二十世紀末，這個詞才被當作行銷術語，由美國企業經營學者菲利普．科特勒（Philip Kotler）等人，將其重新定義為「**規模較小且具特定性的細分市場**」，並衍生出利基市場的概念：針對特定需求與小規模市場提供產品或服務，進而掌握顧客。

此外，美國經濟學者布魯斯．格林沃德（Bruce C. Greenwald）與投資大師，裘德・康恩（Judd Kahn）也指出，企業若專注在直接競爭較少的利基市場，能有效提升獲利率。

換句話說，利基事業往往能創造高利潤，是一種不必正面交鋒的經營戰略，也就是在小小的水井裡，獨自稱王的金蛙。

兩年後才收到，商品賣到爆

某次我去沖繩旅行時，在一家店裡看到一對漆喰製[3]的風獅爺，我非常喜歡，決定要買下來。沒想到結帳時，店員告訴我：「要等兩年才能交貨。」

我還記得當時的對話。

「交貨要兩年後？」

3 譯注：漆喰（SHIKKUI）是一種以石灰為基底、加入植物纖維與天然膠製成的日本傳統塗抹材。

「如果等到你都快忘了，結果突然收到，不是也挺開心的嗎？」

被職人這麼一說，當下我有點無言，但一邊想像自己收到商品的情景，又覺得或許可以等等看。

我同時也這樣想——「也許之後要買，也買不到了。」、「今天不下單，交期可能只會越來越晚。」、「要等兩年，代表商品真的很搶手，也很珍貴吧！」

於是，我就下定決心訂購了。

雖然一開始我也會想，現在網購都能隔天到貨，誰會等兩年？但後來，要等兩年，反而成了我當場決定購買的關鍵。

不過，這個故事還有後話。我實際收到商品，是五年後。

就像這家店一樣，**如果你擁有僅此一家的利基商品，顧客就會從全國各地找上門來，甚至等上兩年也願意下單。**

對大型企業來說，這種商品的市場規模太小、製程又太麻煩。但對中小企業而言，這正是高獲利的好生意。

比起整天打價格戰、被顧客比價的生意，我認為這種做法反而讓人更有成就感與價值。

讓事業來一場「基因突變」

金蛙是因為基因突變而誕生。

經營生意也是一樣，完全可以透過創造截然不同的新事業，主動「突變」。

我至今開過四家公司，雖然領域各不相同，但就像小水井的金蛙一樣，都是具備創新與高獲利潛力的事業。

正因為我選擇在沒有競爭對手的「水井」發展，即使公司位置遠離市中心、規模也不大，但我依然能與多家大型企業合作。

如果你的公司正陷入停滯，就該來一場「基因突變」。否則，繼續困在同質性高的競爭者當中，最後只會被市場淘汰。

舉例來說，即使是建設公司，也可以經營酒吧或夜店。正因為領域完全不同，才有可能誕生新概念，進而搶先進入藍海市場（Blue Ocean Market）。

別再往紅海跳

所謂紅海市場（Red Ocean Market），是指有眾多競爭對手、競爭激烈的成熟市場；而藍海市場，則是指參與者稀少、尚在發展階段、未開拓的市場。

金蛙要追求的，當然就是藍海市場。

至於綠蛙，則還困在紅海市場。

綠蛙在現有市場中與現有客群做生意，不斷受到競爭對手的威脅，捲入價格戰，結果只能靠低利潤勉強撐下去。

但**金蛙會率先找到沒有人競爭的藍海市場，建立獨一無二的地位**。因為是市場上的唯一，除了在選擇客戶、價格談判上擁有主導權，營運也能創造出高獲利。

跳進藍海市場的創業者，就像是獨自闖進無人之海的「海賊」。

據說蘋果（Apple）創辦人史蒂夫．賈伯斯（Steven Paul Jobs）在開發麥金塔電腦（Macintosh，一九九八年後，多被簡稱Mac）時，曾對團隊說：「與其當海軍，不如當海賊。」

海軍是規律嚴謹、保守僵化的組織，很難誕生真正創新的點子；但海賊沒有任何限制，能用自由奔放的想像力，闖入未知的大海，然後把寶藏一口氣全都收進自己的口袋。**對中小企業來說，真正該追求的方向，毫無疑問，就是當海賊**。

3 利基生意怎麼找？DCA思考法

要打造利基商品或事業，**首先需要一個好點子**。沒有點子，根本連起跑都沒機會。缺乏創意、到處都買得到的商品，最後只會落入價格戰，與其他綠蛙一起被市場淹沒。

我一開始是以某家廠商的代理商起家，但我不喜歡事事聽命於原廠。於是我開始思考，如何才能讓自己成為廠商端。

這也是我第一次嘗試利基事業。

為什麼我想成為廠商？因為只要成為廠商，就能自己決定商品價格；相反的，身為代理商，只能遵循對方的策略與品牌理念，完全沒有發揮自我特色的空間。如果我想依照自己的想法搶占市場，我非得成為廠商不可。

我還記得，我曾代理某家廠商的商品，花了許多工夫，好不容易打進市場，產品銷售也漸入佳境，結果某天卻收到原廠通知商品半年後就要停產。這項消息非常突然，但身為代理商，終究只能配合原廠決策。

從那一刻起，我便下定決心要當廠商。

當時的我，既沒有開發技術，也沒有產品知識，更不懂製造流程。該怎麼做？後來，我想到：**尋找海外的利基商品，用委託代工**[4]（Original Equipment Manufacturer，簡稱ＯＥＭ）**的方式生產，再進口至日本販售**。

這樣一來，即使沒有研發技術、生產設備，我依然可以擁有市場唯一的產品。

我前往東京的大韓貿易投資振興公社（KOTRA），拿到多家希望進軍日本市場的韓國製造商產品型錄，接著主動拜訪幾家有趣的公司，最後談成了日本總代理的生意。

4　委託方提供產品的設計、規格等需求給另一家公司（代工廠）生產製造。

為了代理尚未引進日本的海外產品，我繼續與對方接洽，終於在第二次拜訪時簽下正式代理合約，而後也成為該領域的獨家供應商。這是我人生中第一次成功的創業體驗。

DCA思維，讓經營上軌道

人類的記憶力其實很有限，就算想到好主意，多數在隔天就忘了。**重要的是，一旦有點子，就要立刻咀嚼、消化，並採取行動。**

很多人看到靠創意成功的人，總會說：「我以前也想過那個點子。」但想過不等於做過。

有行動和沒行動，可說是天壤之別——而這種差距，在未來的人生中，只會越拉越大。

還有，當你腦中浮現點子時，請不要馬上自我否定：「這種東西，大家早就想過了吧……。」

因為，只要點子還沒真正出現在市場上，就代表沒有人真的去做。想成為唯一，就必須搶得先機。**一旦有了點子，就要快、狠、準的行動起來。**

大家都聽過ＰＤＣＡ循環法則[5]（見下頁圖 1-1），但在創業初期，更重要的是「ＤＣＡ思維」：也就是，跳過Ｐ（Plan，計畫），從Ｄ（Do，執行）開始。

如果你一直在腦中盤算，反而只會想到一堆做不到的理由、風險、障礙，最後連第一步都踏不出去。不管是上網搜尋資料，或者找人聊聊，任何行動都可以。總之，先踏出那一步。

一般的綠蛙待在綠葉上，不容易被發現；但金蛙，則是最醒目的存在。一旦有人發現了金蛙，往往會立刻在社群媒體上分享，主動幫你宣傳、擴散消息，很快就會舉世皆知。

5　Plan-Do-Check-Act Cycle，由美國學者威廉．愛德華茲．戴明（William Edwards Deming）提出，經常用於品質管理。

圖 1-1　PDCA循環法則

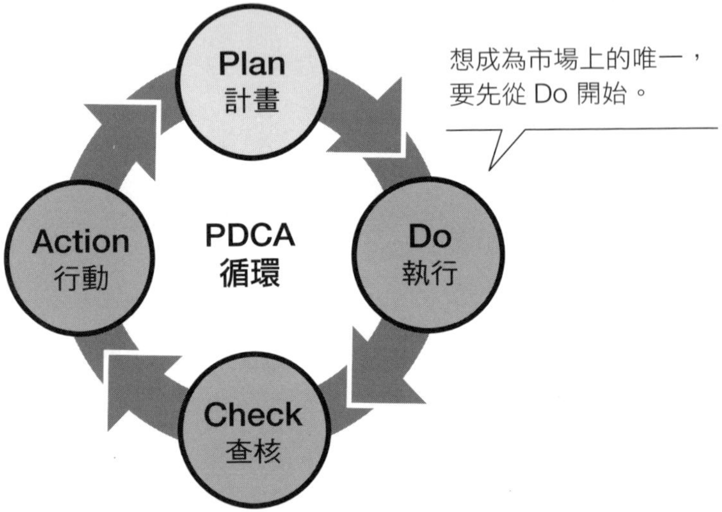

不想打價格戰，先成為金蛙

因為金蛙是唯一的存在，自然不會淪為被壓低價格的下包角色；相反的，還會有企業主動上門，與你簽下獨家合作協議。

此外，金蛙也很難出現在保守、追求穩定的大企業。

就算有人提出創新的想法，也常常被制度限制，或者要很久之後才可能實現。

反倒是中小企業，因為不受傳統與業界慣例綁架，發想靈活、行動迅速，更容易孕育出獨一獨二的金蛙產品或服務。

金蛙住在一口小井裡，沒有競爭對手，因此能長期占據市場。

只要你有勇氣跳進去，找到屬於自己的利基市場，就能安心生存。

就算只是平凡的小青蛙，只要能散發出自己的光，也有機會成為既獨特又有魅力的公司。

4 創效理論：從手上已有資源開始

亞洲人普遍恐懼失敗，比較不願意主動挑戰。

相較之下，美國社會則認為：失敗又怎樣？

這種思維的差異在於，在亞洲，「失敗＝扣分」；但在美國，「失敗＝嘗試新事物＝加分」。正因為如此，在美國，更容易誕生創新。

相較於美國，亞洲勞工在許多方面都有保障，因此多數人不願意放棄穩定的生活。也因此，選擇創業或加入新創的人相對較少。

但事實上，**創新從不會出現在穩定當中，它總是在逆境裡誕生**。要推動創新，需要的是「飢餓感」。

可惜的是，如今在華人圈，擁有這股飢餓精神的人似乎越來越少。

其實，真正能創新的人，一開始都不是為了創新而努力，他們只是堅持自己真正想做的事，並全心投入。而正是這股專注與熱情，創造出前所未有的新價值，甚至被外界認可。

能推動創新的人，往往具備以下特質：野心、不怕失敗、擁有號召力。我真心希望，這樣的人可以越來越多。

創效理論：先思考資源，而非目標

近幾年，美國開始流行一種叫做「創效理論」（Effectuation Theory）的創業思維。

這是由印度裔經營學者薩拉斯瓦蒂（Saras D. Sarasvathy）提出的概念，她在《創效：創業的核心知識》（*Effectuation: Elements of Entrepreneurial Expertise*，書名暫譯）一書中，試圖整理並歸納出，優秀創業家的決策思維與行動方式。

所謂創效理論，並不是根據預測或計畫行動，而是與其空想，不如運用手上的資源（自己擁有的知識、能力、經驗、人脈等）逐步創造成果。

這種做法尤其適合充滿變數、難以預測的現代，也就是「VUCA時代」。這個詞是四個英文詞彙的開頭字母縮寫：Volatility（變動性）、Uncertainty（不確定性）、Complexity（複雜性）、Ambiguity（模糊性）。

與之相對的，是「因果論決策」（Causation）。這是指先設定好營收目標或成長目標，再回推最有效的達成方法。許多企業在決策時，都是採用這種模式。

這兩種方法各有優缺點，但在**充滿不確定性的現代，如果想以利基型點子突圍而出，創效理論會更適合**。

實際上，像GAFA，也就是全球美國四大科技巨頭：谷歌（Google）、亞馬遜（Amazon）、臉書（Facebook，已改名為Meta）、蘋果，這些領先時代的企業創辦人，都是用這種思維方式來決策。

對於立志成為金蛙的中小企業來說，也同樣有效。

回頭看我的創業歷程，原本我早就在實踐創效理論。

我並不是從一開始就設定遠大的目標，而是從眼前能做的事著手，邊做邊調整，也和夥伴們一起打拚。在這個過程中，即使經常會冒出一些意料之外的「火花」，我也能順著這些變化，最終打造出連自己都預想不到的新事業。

5 七敗三勝，也能翻身

有不少人，即使內心想創業，卻因為害怕失敗、覺得沒必要冒險，而遲遲無法跨出第一步。

不嘗試，雖然不會失敗，卻也永遠不會成功。**在這個技術革新劇烈、產業重新洗牌的時代，什麼都不做，就等於走向衰退**。

本田（Honda）汽車的創辦人本田宗一郎曾說：「比起害怕挑戰未知事物而失敗，什麼都不做才更令人害怕。」

當你踏入全新領域，必須先接受一件事：你不可能每次都贏。

但只要你能成為金蛙，沒有競爭對手，你就是唯一的贏家。在利基市場，就算十次只成功三次，也足以賺到可觀的利潤。

你可能會想：「可是，要失敗七次？」請不要忘了，你能成功三次，就是因為你勇敢挑戰了十次。

如果你是企業負責人，將新事業交給部屬，你應該要肯定他努力嘗試了十次。反過來，若你負責開發，即使有人在背後冷嘲熱諷，也不要太在意。因為會說這種話的人，本來就無法創新。

我自己開發過不少事業與商品，整體來看，成功率大概也是三成左右。但正是這三成的成功，支持我一路走到今天。

特斯拉執行長伊隆．馬斯克（Elon Musk）也曾說：

「失敗，不過就是一種選項。如果沒有經歷失敗，表示你還不夠創新。」

在日本，又有多少經營者能說出這樣的話？

預先設定損失範圍

我們不該害怕失敗，但也不能讓失敗影響到本業。如果看不到前景，就必須果斷退場。

那麼，什麼時候該撤退？這正是考驗經營者的時刻。

每當我啟動新事業時，我都會預先設想：最多能承受多少損失。

如果是商品開發，我會先以小量生產來測試市場。若市場反應不佳，我就會立刻中止，轉而尋找下一個商品。這就是我一直以來反覆實踐的模式。

中小企業沒有強大的行銷資源，即使事前做好市場調查與策略分析，在變動快速的時代，也不保證一定準確。更何況，金蛙要開拓的，往往是前所未有的利基市場，過去的行銷理論不一定能派上用場。

既然如此，還不如**邊跑邊想**、**邊想邊跑**，這樣的彈性與行動力，正是中小企業獨有的最大優勢。

分享你的失敗

沒有失敗，就不會成功。但若你始終認為失敗是不好的，不妨將失敗轉化為正向力量。

最簡單也最有效的方法，就是「**和所有人分享失敗經驗**」。只要知道原來這樣做會失敗，就能避免重蹈覆轍。甚至透過別人的挫敗經驗，也能讓自己的判斷更精準。

我們公司每年都會舉辦「挑戰失敗大賞」與「成功大賞」，並頒發獎金給得獎員工。為了參加這個活動，員工必須記錄過去一年的失敗。

不管是誰，一年當中總會有兩、三次挫敗。起初，有些人很抗拒，但漸漸的，大家開始達成共識：「**任何人都會失敗。**」而且，在公司內部公開分享失敗案例，也有助於降低其他人犯錯的次數。

當我們願意降低對失敗的敏感度，便能逐步坦然面對挫敗，從而促進更多交流與信任。

很多人覺得失敗很丟臉、不能被其他人知道，但越是隱藏，往往會釀成更大的錯誤。

失敗，其實是企業的寶貴資產。因為**很多時候，成功的線索就藏在失敗，因此好好記錄每一次挫敗的經驗，至關重要**。

要是哪天有人問起失敗原因，大家都說不上來，那才是真正的損失。

6 你的工作，就是打破你昨天做的事

當你準備開始利基型事業、立志成為金蛙時，務必要注意時機。

如果想成功，就要趁商品剛進入導入期、還沒完全成熟時，儘早開始規畫下一個利基商品或新事業（見下頁圖 1-2）。

因為一個商品會不會大賣，其實誰也說不準。

等到賣不動才開始想下一步，通常就太遲了。

但現實是，當產品還在導入期、看似還有一線希望時，我們往往很難保持危機意識。

要突破心理障礙，我建議平常就要養成習慣，隨時保持好奇心，主動尋找下一個點子。

圖1-2　在導入期就要思考下一個商品

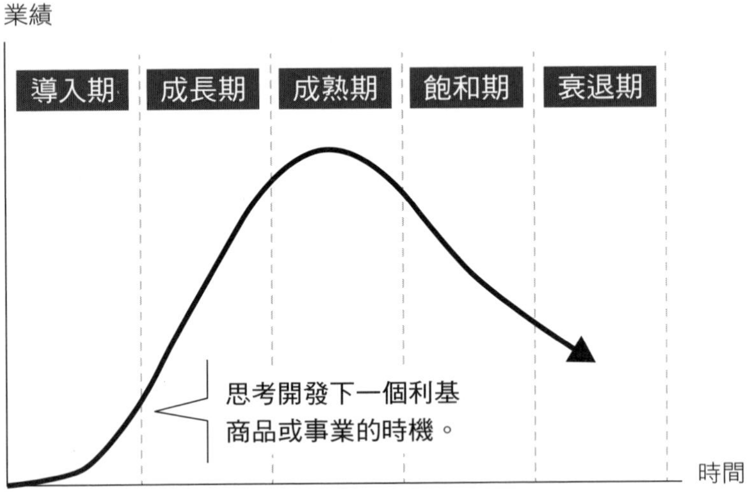

尤其在業績起飛時，更應該思考下一個利基商品或事業。

等到公司陷入資金周轉不靈或人力不足時，你可能就沒有資源、也沒有餘裕開發新案，甚至連日常營運都疲於應付。

業績好的時候，反而更要有危機意識。

當業績正好時，人們通常會想：「這樣的好日子應該還能持續一陣子。」

接著就開始買名車、揮霍金錢，享受生活。

尤其身邊的人一直誇：「好厲

害」、「果然有你的」，在不知不覺中，就自我膨脹了起來。

坦白說，我也走過這一段，等到業績開始下滑，我才反省：「為什麼當初要亂花錢？為什麼能如此悠哉？」

多角化經營能避免倒閉

經營企業，當然有起有落。重點在於，當業績低迷時，一定要牢記那份懊悔。因為多數人只要業績一好轉，就會忘了教訓，結果繼續重蹈覆徹。

說得誇張一點，企業經營者最好一開始就抱持公司會倒閉的心態。

根據日本政府發布的《中小企業白皮書》（二〇一七年版）的統計，日本企業的存活率為——開業一年後：九五．三%、兩年後：九一．五%、三年後：八八．一%、四年後：八四．八%、五年後：八一．七%。

換句話說，**創業五年內，就有近兩成的公司消失**。

東京商工於二〇二三年公布的調查報告亦指出，日本企業的平均壽命是二三・一年（見圖1-3）。

以上數據提醒我們，經營者絕對不能掉以輕心。

我之所以能不斷開創新事業，就是因為內心一直警惕，擔心事業會出狀況。

正如左頁圖1-4所示，當你擁有多項不同的事業時，即使其中一項銷售失利，也能由其他項目支撐補位，達到降低風險的效果。

尤其當你跨足不同領域，因為產業循環與市場趨勢不同，即使一邊陷入低谷，另一邊也有可能逆勢成長。

圖1-3　倒閉企業的平均壽命與經營年資比例

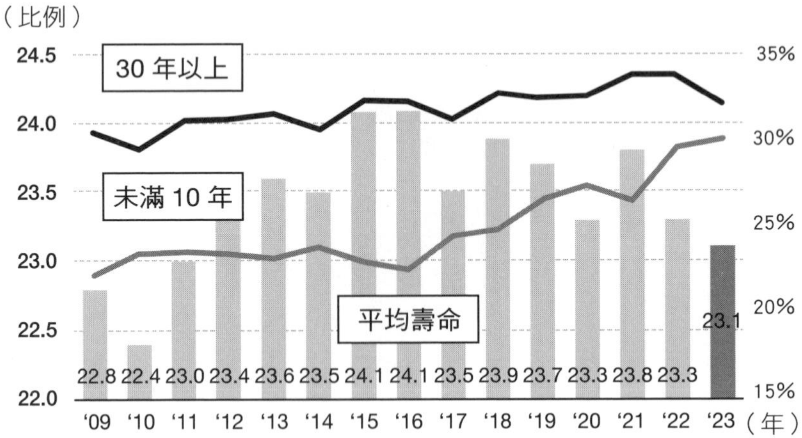

※ 統計對象為具備明確創業年資的倒閉企業。
圖表資料來源：東京商工調查（https://www.tsr-net.co.jp/data/detail/1198412_1527.html）。

這種互相拉一把的狀態，就是最有效的風險分散策略。

換句話說，為了穩定守住本業，多角化經營也是不可或缺的防禦手段。

德國知名哲學家、詩人弗里德里希・威廉・尼采（Friedrich Wilhelm Nietzsche）曾說：「不脫皮的蛇只有死路一條」。

如果你不逼自己轉變，最終就會像溫水煮青蛙，在不知不覺中喪失生機。

關鍵在於，提前預判變化、展望未來，並及早採取行動。

圖1-4　多角化經營示意圖

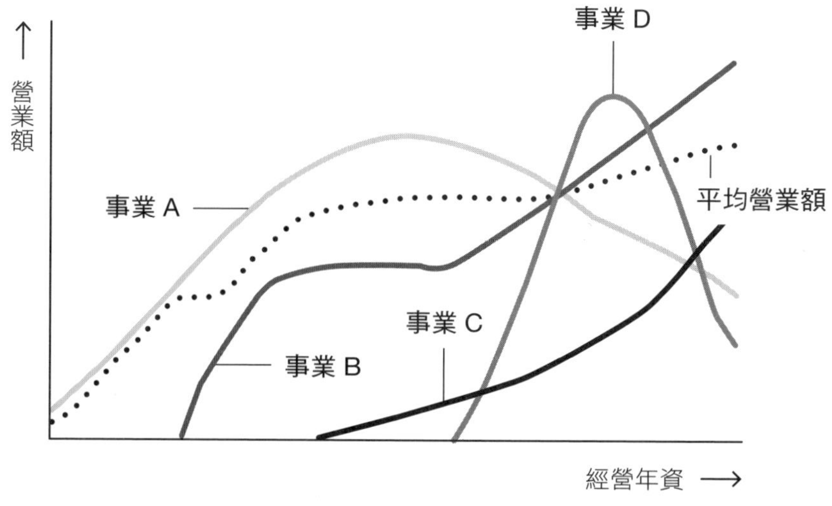

美國奇異公司（General Electric）的前執行長傑夫・伊梅特（Jeff Immelt）也說過：「傳統企業或許值得尊敬，但沒有人想待在一間過時的老公司。」

亞馬遜創辦人傑夫・貝佐斯（Jeff Bezos）更是直言：「你的工作，就是打破你昨天做的所有事情。」

當公司開始投入新商品、新事業時，整體氛圍也會變得更有活力、更具前瞻性，員工也會帶著希望，積極參與和投入。

不論公司正處於順境或逆境，持續出招，都是至關重要。

第 2 章

花 20％時間，做跟本業無關的事

1 開發利基市場的八個思路

所謂的「點子」，就是全新的發想、巧思、構想或靈感。

它們通常不會憑空出現，而是依據你腦中已有的知識、經驗和概念，經過不斷思考後產生的火花。

這些想法會在反覆思考與累積中逐漸成形，最後成為你行動的起點。

蘋果創辦人賈伯斯曾在《連線雜誌》（*Wired*）上說過：「創造力，就是把各種東西連接起來。」

也就是說，**看似無關的過往經驗，往往會在日後某個時刻互相連結，從而激發出全新的點子**。

現代社會中，幾乎所有的進步與發展，從剪刀、原子筆到橡皮擦，這些日常用品的誕生，背後都藏著創意與靈感的故事。點子更是無所不在，走在街上、與人聊天、看書、玩耍，每一刻都是靈感的來源。

首先，你要帶著好奇心。當你用好奇的角度看世界，就會在日常對話與體驗中，不時冒出「咦？」、「奇怪？」這類的發現。

很多人以為聰明的人比較有創意，但事實上正好相反，太聰明的人反而容易侷限於知識，想出很普通的點子。

換句話說，任何人都可以擁有靈光一現的能力。不過，如果想要抓住點子，也不能全靠運氣，得從平時養成思考的習慣。

尤其準備投入新事業、新產品、新服務開發時，在日常生活中的探索與求知，就顯得格外重要。

如果你經常把問題放在心上，潛意識才會被激發，從而找到靈感。反之，如果平時不努力探索，即使靈感就在身邊，也很難察覺到。

事實上，你真正需要的點子或靈感，其實早已散落在生活的每個角落。

為了能確實抓住這些靈感，請試著培養以下八個好習慣。

1. 走也想，躺也想

想要培養發想點子的能力，該從何開始著手？

基本上，發想點子有兩種模式。

第一種：擁有明確的課題並持續思考。

第二種：沒有刻意想，但靈感卻在某個瞬間突然浮現。

而可以透過習慣養成的，是第一種模式：**刻意「想」出來的靈感**。

如前所述，我當時是一家韓國廠商的日本代理商，準備搶攻日本市場，但我不想再被原廠牽著鼻子走，一直思考該如何成為廠商端。也正因為這個問題不斷在腦中打轉，某天我才突然靈機一動：「那就引進海外暢銷產品！」

如果你現在也有想挑戰的方向、想解決的問題，請把它放在腦袋裡，並且持續關注。

如此一來，**當靈感浮現腦海時，你就能立刻聯想到原本的課題，並且馬上付諸行動**。

反過來說，如果你平常都沒有放在心上，就算你靈光一閃，也很可能會錯過。

這樣一來，就等於白白浪費寶貴的點子。

從今天開始，不妨隨時開啟雷達。你會發現，相關資訊會自動向你靠近，創意也會在不經意間浮現。

其實，點子一直都在你身邊，重點是——你有沒有養成「接住」靈感的習慣。

2. 不要擱置疑問或驚訝

如果你還不確定自己想做什麼，不妨先積極走出門、接觸不同的人事物，一邊走路，一邊觀察身邊不同的事物；或是與人聊天、在移動中留心周遭的細節。

不管跟工作有沒有關係，請訓練自己對所有事物保持好奇，對每個細節提出疑問。不只問，還要動腦思考：為什麼會這樣？有什麼可能的答案？

比方說，為什麼這個產品會熱賣？為什麼造型是這樣？為什麼這裡總聚集這麼多人？

當這些疑問浮現時，不要放過，試著思考答案：

因為它有別家沒有的特色、這樣設計比較方便使用、店家刻意低調反而製造神祕感。

不必百分百正確，但一定要有自己的想法。千萬別擱置疑問或驚訝，否則很快會忘記。

總而言之，請養成習慣：當你對某件事感到疑問或驚奇時，就認真思考，直到得出答案。如此一來，不僅會讓你對世界充滿好奇心，也能享受提問和解答的過程。而這些累積的點子，將成為你的資料庫，讓靈感源源不絕。

3. 累積生活體驗

一天只有二十四小時，要每天過得充實，還是渾渾噩噩，全由你自己決定。但如果你渴望成功，請盡可能體驗更多事物。因為擁有的體驗越多，誕生的點子就越多。

尤其是利基新事業或新商品的點子，靈感往往來自於你親自嘗試過、多數人沒經歷過的獨特體驗。這類點子可能市場不大，但對中小企業來說，反而是合適的利基規模。

另外，當你與他人交流時，要避免不懂裝懂，更不要羞於提問。如果你因為擔心丟臉、擔心別人怎麼看，很可能就會錯過點子。

4. 對任何事都好奇，當場就問

當我走在路上或逛街時，經常會對路人的穿著、手持物品或店面展示的商品好奇。只要我心中浮現疑問，幾乎都會當場提問，不管對方是不是我認識的人，甚至是店員或路人也沒在怕。

有些讀者可能會覺得搭話很尷尬、會被當成怪人，但其實大多數人被問到時，反而很樂意分享。

有一次，我在街上看到有人拿著一臺很特別的相機，便主動問：「你這臺相機好特別，是哪一年出的？哪個品牌？」通常會帶這種相機的人，多半對相機有自己的堅持或喜好，被人注意到，他們非但不會不高興，反而會分享更多細節。

這樣一來，我不只解決了疑問，還能順便長知識。

5. 為什麼會在這裡？這是為了什麼？

還記得，有一次我去日本北海道旅行，當時我看到一個路標（見左頁圖A），心裡忍不住想：「這到底是什麼？」

答案是：除雪參考標誌（箭頭桿）。在當地，這個標誌是給除雪車用的，方便在積雪時判斷道路寬度。

就像這樣，當你提出疑問，並開始思考：「為什麼會在這裡？做什麼用？」——這種時候，最容易激發靈感。所以，不要只是放空看風景，請試著多花點心思觀察周遭事物。

再來是左頁的圖B。

你可能也在街上看過這樣的設備。你知道它是什麼嗎？

答案是：地面變壓器。

多數人以為變壓器應該掛在電線桿上（見第六十頁圖C），但其實有些地區會將它設在地面。

為什麼？

因為這些地方推動無電線桿化，電線全面地下化，自然要把變壓器設在地面上。

像日本的繁華商圈，就常在人行道上看到地面變壓器。

只要你能察覺這種與眾不同的小細節，就能從不同角度思考，也比別人更容易發想出新點子。

6. 常問：為什麼這麼便宜？

每當我發現某樣商品價格特別便宜時，腦中總會冒出疑問：為什麼這麼便宜？然後我就會查氣候變化、原物料價格，有時甚至會勘查產地。

反過來，當我對某件商品的高價感到

▲ 圖 A　北海道的箭頭桿，一問才知道是除雪參考標誌。

▲ 圖 B　地面變壓器。

好奇時，我也會反過來思考它的定價邏輯與策略，並從各角度分析：附加價值、品牌策略、包裝、銷售管道、客群等。

透過這些觀察，你會開始抓到重點：原來這樣做就能賣高價，同時也能更清楚掌握背後的商業運作邏輯。

所有的生意人都一樣，對於價格變化，必須保持好奇心與敏感度。因為種子往往就藏在這些細節裡。

▲ 圖 C　一般人以為變壓器是裝在電線桿或掛在空中。

7. 顏色或形狀

有時，我也會觀察顏色。比方說，為什麼報紙上，黃色皮夾的廣告特別多？後來我才知道，根據風水，黃色是最能聚財的顏色之一，因此黃色皮夾在市場上非常受歡迎。

我還曾思考過，為什麼寶礦力水得（POCARI SWEAT）的瓶子是藍色？一查才知道，原來在飲料業界，過去一直有個不成文的禁忌——包裝不能用冷色系，否則消費者會沒食欲。但該公司反其道而行，為了呈現清爽藍與白浪花，打造出經典的藍白瓶身。雖然曾被嘲笑像機油罐，但現在已有越來越多品牌跟進。

我也會觀察商品的包裝設計，例如可口可樂（Coca-Cola）的曲線瓶，據說就算在黑暗中摸到，也能立刻認出可口可樂的瓶子（甚至還有人說，其設計靈感來自女性的身體曲線）。

無論是顏色、形狀、功能，還是設計，每個細節背後，都隱含著製作者的想法、品牌策略，甚至是解決使用者需求的設計巧思。

不要只是被動接受，而要經常思考：為什麼會在這裡？為什麼這麼便宜？為什麼是這個形狀？

這樣不僅能激發好奇心，還能讓你更深入理解，逐漸培養出敏銳的觀察力與思考力。當你習慣提出疑問並尋找答案，即使只是走在街上，也會變成充滿驚喜與靈感的探索旅程。

8. 質疑理所當然的常識與規則

你怎麼看待搭電扶梯要空出一邊？

是不是因為大家都這麼做，所以你只好也跟著照做？

其實，這項習慣是一九九〇年代中期從英國傳到日本的，既不是法律明文規定，也不是鐵道公司的正式規則。現在許多鐵道公司反而呼籲乘客應兩邊都站好、抓住扶手，因為一邊空出來讓人行走，反而危險。

對於所謂的常識、慣例、規則，我一向都會先抱持著疑問，而不是只因為大家都這樣做。

日本人的個性往往認真又服從，很少主動提出質疑，即便是當權者基於自身利益訂下的規則，也會無條件的遵守。但這種順從，其實就跟停止思考沒什麼兩樣。

當然，前提是不能違法，但即便是大家習以為常的常識與規範，也不妨停下腳步問問自己：「真的非得這樣不可嗎？」

當你開始質疑理所當然，新商機往往就此而生。

2 我如何打敗蓄電池龍頭老大

我曾挑戰由三家大企業[1]壟斷的蓄電池回收市場，當時，日本社會普遍將使用過的蓄電池當作廢棄物。依照法律規定，要丟掉特定產業廢棄物，使用者必須自費請業者處理。

但我發現，蓄電池的主要成分鉛，是極具回收價值的有價物，而不是單純的廢棄物。因此，我便開始在全國推行回收蓄電池並付費收購的事業模式。

當然，我不能違法，所以特別前往環境省（按：相當於臺灣行政院環境部）諮

1 包括日產集團（Nissan）、豐田集團和住友商事（Sumitomo）等。

詢，確認做法是否合乎法規。當時負責的官員聽完非常驚訝，問：「一般回收業者都是向客戶收錢，你要付錢給客戶、把電池買回來？」

我回答：「是的，這些電池很有價值，因此我們願意出錢收購。」接著我詳細說明整個回收流程。

該職員聽完之後，說：「放心，既然合法，當然可以做！」

世界上有許多規則，表面上看似合理，其實往往對國家或大型企業有利，而我們作為消費者，卻常常因此吃了不少悶虧。只因為是規定，我們就默默接受。

不過，我仍然建議你應該先問：這樣做真的合理嗎？當你願意提出疑問，創新或利基事業的種子，很可能就悄悄萌芽。

創業，就要跟別人不一樣

如果你總是做跟別人一樣的事，你的想法就很難脫穎而出。

正如索尼（Sony）創辦人之一的盛田昭夫說過：

「如果想要讓自己有所成長，就不能做跟別人一樣的事。」

通勤時段的車站周邊，人潮總是往同一個方向移動。這時，如果你刻意往反方向走，你會發現，平常你只能看到大家的背影，但逆向而行卻能看到人的正面。光是這點，就已經很不一樣。

重點在於，**要刻意觀察「別人忽視的東西」**。就像平常都坐在駕駛座開車的人，偶爾坐在副駕甚至後座，就別有一番風景。只要改變平常的行動，就能看見新的發現。

我曾特地往人潮的反方向走，結果竟然遇見多年未見的熟人。如果我們只是擦肩而過或看著對方的背影，肯定無法相認。正因為我反其道而行，偶遇才會發生。

很多人都說我人很怪，但我一向把它當作讚美。因為這代表我和別人不一樣，有自己的風格與想法。

如果你想開發出真正的利基商品，就不能只是跟大家做一樣的事、想一樣的方向，你得刻意選擇不同的做法。

舉例來說，近年來日本年輕人很流行昭和時期（按：一九二六年至一九八九年）的復古物品，認為它們充滿懷舊情懷而且有趣。正因為這些東西逐漸被人遺忘，反而成為新的潮流。所以，**不妨試著尋找大家不再關注、快要消失的事物，這是開發利基商品最有效率的方式**。

如果你真心想成為金蛙，就必須從改變想法開始。這不是難事，只要稍微改變日常習慣，誰都能做到。只要持續下去，好奇心自然就會被激發出來。

請試著每天提醒自己：我要看見跟別人不同的東西！當你刻意練習這樣過生活時，就會開始捕捉到更多靈感。

花二〇%時間做和本業無關的事

反之，當你的思維被困在固定模式裡，往往很難想到好的點子。

例如，谷歌員工每週上班可以花二〇%的時間，做與本職工作無關的事。

我認為，這個制度非常有道理，因為常常只有在嘗試新鮮事物時，才會出現全新的想法。

如果你希望拓展點子，就必須擺脫日常慣性與固有思維。

例如，**主動和不同產業、領域的人交流，或是找年紀與你差異較大的年輕人聊天**。另外，試著幫別人分析事業問題，也能獲得不少收穫。

只要願意跨出自己的業界，就有機會接觸到不同於以往的資訊，這對你絕對是百利而無一害。

因為，每次參加業界內部的聚會與活動，如果都是同樣的臉孔、重複的話題，長久下來自然會失去新鮮感，也很難激發真正的創意。

3 賺錢生意，都是「打聽」來的

想多認識一些有趣的人，可以特別注意以下五種類型的人。當然，你想變成這樣的人也沒問題，甚至更好！

1. 不是認真魔人，而是幽默風趣的人

具備幽默感的人，往往比較容易想到有趣的點子。反之，總是讓現場冷場、氣氛凝結的人，大都容易說出負面話語。

一般來說，會講笑話的人通常樂於與人互動，有什麼事想請教的話，相信他們也會很樂意幫忙。

2. 擅長幫別人取綽號的人

當然，取綽號不能嘲笑別人。但如果是能巧妙點出對方特徵，還能讓人覺得親切討喜，這種人往往就是充滿創意的點子王。每間公司裡，總會有幾個特別擅長幫同事取綽號的人，他們對商品名稱或廣告標語通常也很敏銳，找他們商量一下，搞不好就能激出新的想法。

3. 特別喜歡挑戰與眾不同事物的人

高空跳傘、滑翔傘、潛水、鐵人三項，喜歡從事這類特殊興趣的人，個性通常比較天馬行空，而且富創造力和聯想力，特別擅長發想出與眾不同的點子。

4. 經常在辦公室咖啡機旁聊天的人

辦公室的咖啡機周圍，常常是最放鬆、大家互相交流想法的地方。很多創意點子就是在閒聊中冒出來的。經常成為話題中心的人，通常消息也最靈通，能給你很多意想不到的提示。

5. 對流行很敏感的人

能迅速掌握新鮮話題、馬上嘗試流行事物的人，通常也具有挑戰精神。這類人會時時保持開啟「資訊天線」，努力追上時代變化，所以他們自然也有不少有趣的素材。

其實，在你身邊，一定有上述類型的人，不妨從平常就跟他們多打交道。即使你自己不是點子王，但只要常待在點子王的身邊，你也有機會從他們身上獲得不少靈感。

避開這三種消極的人

在職場，同事們大致可分成三種類型：

- 會提出點子的人。
- 動不動就潑冷水的人。

• 默不作聲、不表態的人。

對一間公司來說，最需要的當然是第一種人。如果你想交朋友、找合作夥伴，應選擇能不斷提出點子的人。更理想的是，你自己也能成為點子王。

至於**老是說些消極話、凡事都先否定的人，能不接觸就別接觸**。因為帶著負能量的人會消耗你的熱情，讓你漸漸失去幹勁。

反過來說，如果你能接觸到充滿正能量的人，就有機會從他們身上吸收前進的力量。

舉例來說，如果你現在四十多歲，你很可能無法完全理解二十歲或六十歲世代的想法。

假設你正打算開發高齡者產品，你就不能只憑自己的想像，而是要主動了解、觀察六十歲以上族群的真實想法與行為。

如果你打算跨入自己不熟悉的年齡層或產業領域，最直接有效的方法，就是勇敢走進那群人的世界，實際參與他們的社群、活動。

若在活動或社群中，有人介紹一本書給你，你就立刻買來看，吸收新的知識。或是逛最具代表性的店家、參加產業展覽會，也都是非常實用的方式。主動出擊、大膽行動，才能不斷拓展資訊來源。

當你的人脈越來越廣，自然也會遇到許多價值觀不同的人。**這時請千萬不要擺出非我族類、不相為謀的態度，而是要接納不同的意見。**

人一旦年紀漸長，思維往往也會越來越僵化。這樣一來，很多寶貴的發現與機會，就會從你的眼前溜走。

所以，請先問問自己：是否太過固執？只要你有所自覺，就有機會改變。

試著練習保持開放的態度，不論對方的意見是否與你相同，都要廣納各種想法與觀點。

4 不費力的狀態，最能激發靈感

有時，坐在辦公桌前，怎麼想都沒靈感，那還不如轉換一下心情，泡個澡或三溫暖也很好。

還有，開車、搭電車或飛機時，大腦進入無意識的移動狀態，點子常常會突然冒出來。

聽音樂、閱讀時也容易浮現點子，更推薦散步——據說刺激腳底能活化大腦。

如果你是通勤族，搭車的時間就是靈感的黃金時段。

即使你一邊聽音樂、廣播，或滑手機，大腦多少還是會想著工作的事，這種時候反而最容易冒出靈感。

這種不費力的狀態最容易激發創意，我親身體驗好多次了。曾有段時期，我每天都得花一個多小時通勤，但對我來說，那是孕育點子的寶貴時光。

出差時的移動時間也很適合，你不必逼自己，只要謹記正在思考的課題，靈感自然會在某個瞬間浮現。

有些人認為背景音樂或環境噪音會干擾思緒，但事實正好相反。當腦中充滿各種紛亂的念頭時，這些原本無關的想法，反而更容易激盪出創新點子。

只要走出家門，五感便會受到外界刺激，新資訊不斷湧入大腦，過一陣子又漸漸淡出。這些看似零碎短暫的訊息，往往就是未來靈感的種子。

所以，請記得隨身攜帶紙筆，或是善用智慧型手機的備忘錄或語音紀錄功能。

靈感來時，千萬別指望自己記住，不管用什麼方式，重點是——一定要記下當下的靈感，因為說不定哪天會聯想到更多想法。

另外，你也可以隨身準備幾張便利貼。當你在看書或雜誌，只要哪句話能引起共鳴，就隨手貼上標記，之後要複習或延伸思考就會非常方便。

記得多幫大腦「輸入」。靈感的素材越多，腦袋裡的抽屜就越豐富。當這些素材累積到一定程度時，自然會在某個瞬間激盪出嶄新的點子。

第 3 章

怎麼做，讓事情可行？

1 有什麼是大廠做不到的？

當你想到創業的點子時，請不要馬上就打退堂鼓或否定自己，不妨試著請教別人或者尋找夥伴，勇敢踏出第一步。

最重要的是，你要堅持到底。只要你認真看待，總會有人伸出援手。相反的，如果你的態度模稜兩可、搖擺不定，旁人也只會冷眼旁觀，不會主動幫助你。

我曾經營美國雜貨進口生意，剛開始我根本一竅不通，唯一能倚靠的，是一位對這行也不太熟的美國朋友。

但因為我展現了決心，這位朋友也深受感動，主動幫我牽線了許多貴人。而這些貴人的朋友又介紹了更多人脈與機會。就這樣，我從一個完全沒經驗的門外漢，竟把這門生意一步步拓展成加盟事業。

如果當初我只是抱著玩票心態，這一切絕對不可能發生。

正因為全力以赴，才讓我的事業引起大型雜貨連鎖企業的注意，甚至主動向我們公司批發進貨。

後來，我還有機會在澀谷、池袋等地的百貨公司和商業大樓開設快閃店。

從發想點子到拿出成果，我只花了三年不到的時間。

甚至，連某家知名量販店的資深採購都成了我們的客戶。起初我很納悶，有數十年採購經驗的人，為什麼會跟我這種門外漢做生意？後來我想通了，也許正因為我是門外漢，選品角度與進貨來源才跟他們截然不同。

一開始，我也沒料到自己的事業會蓬勃發展。但正因為我懷抱著堅定的信念，一步一腳印走下去，才吸引那麼多願意幫助我的人。**創業本來就不是一個人能完成的事，重點在於你怎麼讓別人願意加入、參與、出手相助**。

只要你真誠的表達熱情與決心，總有人會被你打動、願意挺你。

無論做什麼生意，最基本的，就是要展現認真的態度與強烈的意志力。

只要你有明確的願景與熱情，所有的不可能，也都會變成可能。

稍微岔個題，當你腦中閃過點子，卻立刻浮現出「不可能」的念頭時，千萬不要馬上放棄。你該思考的不是可行性，而是：**要怎麼做，才能讓這件事變得可行？**負面的想法不會帶來任何幫助，唯有不斷思考，你才有機會找到方法。

在發展新事業的過程中，你一定會遇到各種阻礙，甚至可能會遭到惡意打壓。這時更不能退縮，而是思考：該怎麼跨過這一關？還有更重要的一點——我要怎麼做，才能讓競爭對手無法模仿？

當初剛進入電池回收市場時，我馬上就被大廠打壓，對方甚至發動抹黑攻勢，導致我們差點撐不下去。

如果當時我選擇放棄，這個事業就真的結束了。但我不死心，轉念思考：「有什麼是大廠做不到的？」後來我想到販售再生電池[1]、回收使用過的電池（詳見第六十三頁）。

我認為，這正是大企業不會想碰的領域，因為太費工夫、利潤又不高。果不其然，他們沒有進場，我的公司也因此成為這個市場上唯一的存在。

當你陷入困境時，只要不放棄、持續思考，也許下一個機會就在轉角處。越是困難的時刻，你更要相信——真正的挑戰，現在才開始。

只要你堅持下去，就有機會成為唯一、無法被取代的金蛙，並且持續穩健經營下去。

1 稱為二次電池或蓄電池，指可以重複充電和放電的電池。

2 主動創造運氣

你覺得自己是運氣好的人嗎？

我一直覺得自己很幸運，每天都懷抱著感謝之心。

說到這裡，可能有人會擔心我是在談宗教或玄學。先說清楚，我連自己老家的宗教信仰都搞不清楚，對玄學也完全不感興趣。

不過，我相信這個世界有神明。**只要有什麼小確幸降臨，我就會打從心裡感謝：「今天真是好運，謝謝老天。」**

很多人每年元旦都會去參拜、祈願吧？但我已經很多年沒在神明面前許願。

我的做法是，不特地求保佑，但每年還是會找機會去熟悉的神社祈福。

例如：感謝神明保佑商品大賣，接下來我會更努力。

從神明的角度來看，比起一年只來一次、一口氣卯起來許願的人，我想應該還是經常來說謝謝的人比較討喜吧？

所以，我總覺得自己很幸運，也一直相信自己受到神明眷顧。

我不向神明許願，其實還有一個原因。我不想把希望寄託在別人身上。與其拜託神明，不如主動對自己說：「我會努力做到這件事！」

畢竟，如果光是開口許願，就能讓事情成真，那也太簡單了。相反的，一個人如果過度依賴神明，反而容易怠惰。

日本文化崇尚謙遜，很少人會公開稱讚自己。但其實你可以試試看，常常對自己說：「我是運氣很好的人。」這樣的心態，反而更容易帶來好運。

畢竟，應該沒有人會想靠近整天抱怨自己運氣很差的人吧？

其實，有些人之所以運氣差，很多時候只是因為他們選擇這麼相信罷了。你的人生會有什麼樣的變化，完全取決於你的想法。如果你一直告訴自己我運氣不好，就等於主動選擇一條更難走的路。

例如：今天一路都是綠燈、交通順暢、在電車上剛好有位子坐，這些微不足道的小事，其實也都是幸運。

養成這個習慣，你就會開始相信自己真的很幸運。而當你這麼相信之後，好事就會發生，讓你越來越幸運。

就拿輪胎爆胎來說，多數人可能會想：「怎麼那麼倒楣！」但我會這樣想：「幸好只是輪胎壞掉，沒發生意外，真是太幸運了。」或者「還好不是在趕時間時爆胎，運氣算不錯了。」一念之間，就能把壞事變好事。

所謂的運氣好或壞，其實端看你怎麼看待自己。**當你不斷對自己說「我運氣很好」，最後你真的就會變成幸運的人**。這不是什麼玄學，而是實實在在的影響力，你也可以試試看。

尤其在做生意時，「運」非常重要。

遇見好點子，是「運」；遇到會給你靈感的人，也是「運」。

所以，**要讓自己更幸運，必須主動創造運氣**。

你只要一直相信自己運氣很好，好機會、好消息就會找上門。這些養分，都會轉化為讓你在利基市場閃閃發光的點子。

3 被人拜託時，別先說「No」

你常常被人拜託嗎？

如果是，代表你在別人眼中是個「可靠的人」。他們相信你做得到，才會放心把事情交給你。反之，要是辦不到的人，根本沒人會想開口。

所以，如果你常被拜託，就把它當作是種信任，開心的接受吧！

反過來說，**如果你要拜託別人，請找看起來很忙的人**。

很多人會想：「他好像很忙，還是別打擾好了。」但其實，忙碌的人，通常就是有能力的人。他們懂得輕重緩急，會分配時間，也更明白你的事有多重要，因此更可靠。

相對來說，看起來有空的人，做事反而慢吞吞，甚至還會果斷拒絕你。

請記住，**「被拜託」這件事，其實是一種「測試」**。

別人會藉此觀察：你是不是個辦事可靠、值得信賴的人。

如果你把每一次的請託當成挑戰，或許內心也會燃起幹勁。

還有，當你答應別人請託時，請務必做到超乎對方期待。

如果對方心裡預期你能做到一百分，那你就給出一百二十分的成果。

因為只做到一百分，只是剛好達標，對方頂多說聲謝謝，轉身就忘了。但你如果給出一百二十分，對方會驚訝的想：「他竟然做到這種程度！」這份感動會讓對方印象深刻，下次有合作機會，他第一個就會想到你。

這就是決定你要當綠蛙，還是金蛙的分水嶺。

「被拜託」，正是讓你被看見、快速建立金蛙評價的絕佳機會。

千萬不要覺得煩或想推掉，而是要笑著說：「好，我很樂意！」

被拜託別說No

有一次，一家企業的採購主管跟我說：「熊谷，最近電池的價格一直降不下來，能不能幫我找找海外的電池製造商，介紹一下？」

那時候的我，英文不怎麼樣，也不是專門進口海外產品的公司，更不用說，我對電池一竅不通。但對方明知道我不是專家，卻還是找我幫忙。正因為如此，我反而會想：「好，我就來試試看吧！」

如果遇到自己不熟的領域，有些人可能會選擇轉介給其他人，但這樣不僅辜負了客戶的信任，也會錯失全新挑戰的機會。

我就是以客戶的請託為契機，開始找尋韓國電池製造商，最後順利拿下了日本的總代理，正式展開銷售電池的業務。這項事業後來甚至發展成為獨一無二的利基市場。

就這樣，因為一個小小的請託，意外開啟了全新事業的大門。

即使一開始你認為做不到，但實際去做之後，常會發現其實沒那麼難。有時甚至會因此拓展視野，讓世界變得更寬廣。

所以，我誠摯建議千萬不要輕易拒絕別人的請託，當別人對你提出請求時，最好立刻回答：「好，沒問題！」

主動問：「最近有什麼困擾？」

每次拜訪客戶時，我都會主動問：「您最近有沒有什麼困擾？」

我發現，每當我提起電池事業的經驗，對方的反應就特別熱絡，甚至會問我：「該怎麼處理這個問題？」或直接拋來新的請託。

久而久之，請託自然就越來越多。

有一次，有位客戶竟然開口要求：「熊谷，我孩子要考大學，你能不能幫我買本〇〇大學的備考參考書？」這和工作一點關係也沒有，但我當下立刻回答：「好啊，沒問題！」

我二話不說，跑去書店買參考書，這樣的服務稱得上一百分。但我沒有就此打住，而是再到知名神社，買了祈求考試合格的御守，連同書一起送給對方。這樣一來，就不只是一百分，而是一百二十分。

老實說，當下我並沒有想太多，只是單純想讓客戶開心。當然，我也沒收御守的錢。

雖然無法每次都做到一二〇%的回應，但即使沒辦法解決，我也一定會誠實的向對方報告結果。就算成本全都得自己吸收，我也從不吝嗇。

有時，客戶的請託需要海外出差、產品分析等，光是成本就相當可觀。但即使我什麼話都沒說，對方其實也心裡有數，會主動說：「這次真是不好意思。」然後，就把下一筆生意交給我。

在這些過程中，我也不斷累積新的知識和寶貴經驗。整體來說，回報比成本還要多，我並沒有吃虧。

只要你真心想幫助客戶解決問題，就一定能開啟新的生意機會。

所以，當有人把困擾告訴你時，請不要馬上拒絕，而是試著挑戰看看吧！

4 熱潮是商機，也是風險

不要盲目相信報紙、電視或網路上的資訊。

很多時候，真正最快、最準的第一手消息，其實是來自身邊值得信賴的人。別以為大報社或電視臺的報導就一定正確，有些媒體甚至會刻意操控輿論、帶風向，讓人不知不覺被牽著鼻子走。

至於網路上，就更不用說了，充斥著各種臆測和小道消息，錯誤資訊多到不勝枚舉。

無論看到什麼消息，我都不會輕易全盤接受，會先問自己：「這背後是不是有什麼內情？」只要查得到消息來源，我一定會親自查證。

畢竟，一旦根據錯誤資訊做出判斷，就有可能導致經營決策錯誤，甚至影響產品的開發與布局。所以，任何消息都不該照單全收。

真正重要的是，要養成獨立思考的能力，並且願意為自己的決策負責。**如果判斷錯誤，就要誠實反省，記住錯在哪裡，下次才不會再犯**。

舉例來說，假如你預測接下來日圓會升值。如果結果與預期相反，就必須回頭檢討，思考自己哪裡弄錯了？又是哪些因素導致？

這種反覆記錄與修正的過程，能大幅提升你的判斷力。反之，如果你只記得自己猜錯，那就毫無幫助。

尤其當你想開發利基新事業，能否掌握別人還沒注意到的情報，往往就是成敗的重要關鍵。

例如，你從某間製造商得知某項原料正大量滯銷，就可以開始思考，該開發什麼樣的產品？又或者聽說哪家公司推出新產品，你可以評估自己是否也有能力做出類似的東西。甚至有時，聽到某家公司的技術人員離職，說不定你就能網羅人才。

關鍵在於：平常能否持續與客戶、供應商，甚至競爭對手保持互動，才有機會在第一時間掌握獨門商品的資訊。

但請記住，想讓人願意透露內部資訊，平時就必須維持開放、坦誠且沒有距離感的人際關係。

這樣的信任無法一蹴可幾，而是靠時間，一點一滴慢慢累積出來的。

當你身邊有越多值得信賴的人，你就越容易接觸到各式各樣的好點子，也越能開發出屬於你自己的金蛙商品與事業。

5 我每三個月必看一次畫展

說到做生意，我想每個經營者都希望自己的商品能吸引高收入族群，或爭取到優質企業的訂單？

那麼，除了基本的知識與教養，你也必須具備一定程度的「美感」。怎麼做？我每三個月會到美術館，看看頂尖的畫作或藝術品。

當你看得多，自然會慢慢分辨出什麼才是真正的一流，哪裡厲害、為什麼厲害。就算一開始看不懂也沒關係，久了你就會培養出「識貨」的眼光。如果你不了解什麼是一流，就無法成為一流的人，也無法與一流的人來往。

懂得欣賞優秀的作品，對產品開發也很有幫助，因為能逐步提升你的審美與設計感。

尤其對中小企業經營者來說，很多時候得自己動手拍攝商品照。千萬別小看「拍張照片」這件事，要拍得吸引人，構圖其實很關鍵。

平時多欣賞優秀的畫作或攝影作品，不僅能訓練畫面感，也會讓你更懂得怎麼擺東西、取景，才能拍出好看的照片。

當你的美感提升，在設計商品、挑選配色時，也會更有自信、更能選出具有品味的方案。這樣一來，你做出來的商品與事業，自然也就會更有格調。

生意要做大，關鍵在：品味

在打造事業的過程中，審美品味同樣不可或缺。缺乏美感的商品，不僅無法打入全國市場，也難以引起大型企業的關注。

尤其是中小企業，如果一開始就忽視美感、缺乏與大企業對等交易的心態，就只能淪為地方市場的下游供應商。

想要成為金蛙，時尚感也是非常重要的一環。

此外，身為經營者，也要重視自己的外在形象。

初次見面的印象，往往會對人際關係產生長遠影響。

對企業負責人來說，更是如此——因為你本身就是品牌形象的代表。因此，展現個人特色與自我行銷的能力，不只是加分，而是必備條件。

但這並不表示，可以完全按照自己的喜好穿搭，而是應該根據產業、時間（Time）、地點（Place）、場合（Occasion）做出合宜選擇。

我當初創立美系雜貨品牌時，就刻意以T恤配牛仔褲的裝扮展現品牌風格。

從商品名稱、品牌命名，到型錄、宣傳冊、名片、制服、公司車輛等，都應重視設計的品味，甚至連辦公家具與牆上的裝飾畫，也能展現企業的美學素養。

當一個人審美意識提升，對整潔的要求也會隨之提高。維持整潔的辦公環境，不僅能讓人工作更順心，也會在來訪者的心中留下好印象。

對大企業來說，講究設計與品味是基本要求。正因為如此，**中小企業若無法在細節上展現足夠的審美與格調，就難以獲得大企業的認可與合作機會**。即使經營資源有限，也應努力提升品牌價值。

以商品為例，裝在紙袋與木箱，其價值感與呈現給消費者的印象就截然不同。假設商品售價是五千日圓（按：全書兌換新臺幣之匯率，皆以臺灣銀行二〇二五年七月公告之均價〇．一八元計算，約新臺幣九百元），但裝在木箱，就有可能以一萬日圓（按：約新臺幣一千八百元）的價格售出。這樣一想，就算多少會增加成本，還是值得考慮捨棄紙袋，改用木箱包裝。

即使是中小企業，也不能讓產品顯得廉價。從包裝開始，每一個細節，都是商品價值的一部分。努力培養自己的審美意識，也能提升自家產品的價值。

6 適度的厚臉皮

一個人所具備的各種能力之中，最重要的，也許就是溝通力。

只要具備良好的溝通能力，即使不懂專業知識，也能主動請教專家，取得所需資訊。

相反的，自認為很聰明的人，常因自尊心作祟，不願向他人請益，反而錯失了寶貴的學習機會。

畢竟，一個人能掌握的知識終究有限。

而良好的溝通，正是一項強大的武器，能幫助你從各領域專家身上獲取智慧與見解，進而累積大量知識。

以我自己為例，其實並沒有特定的專業背景，但我始終相信自己擁有溝通力這項優勢。

也正因為如此，我才能在不同領域不斷開創事業，並取得實質成果。

平時就養成習慣主動與人交談，也有助於建立人脈。

而所謂溝通能力強，並不是指能言善道，而是懂得傾聽。真正懂得聆聽的人，往往能讓對方不知不覺說出更多，也因此掌握更多關鍵資訊。

當你向別人請教事情時，是否經常會加上開場白：「不好意思，可能有點冒昧……。」或是「如果方便的話，能不能請你教我一下……。」

這樣的語氣，通常什麼都問不出來。因為你一開始就預設對方不會回答，讓自己處於弱勢。

以我來說，會直接開門見山。例如：你現在的薪水是多少，這類直白的問題，有時反而更容易得到坦率的回答。**適度的厚臉皮，反而更有用**。

在歐美商務場合，無論初次見面還是道別，都習慣握手。雖然在亞洲比較少見，但我會選擇在道別時主動握手。因為肢體互動（例如握手）能讓人敞開心胸，也更能拉近彼此的距離，往後對話也會更自然。

或許有些人會說「我不喜歡那個人」、「我很怕跟那個人相處」等，但多數情況下，對方其實也抱持同樣的感受。

人際關係就像一面鏡子。當你覺得與某人處不來時，不妨先反思自己是否有需要改變的地方。

我們無法改變對方，但我們可以改變自己。當你開始改變自己的偏見或情緒時，自然也能改善人際關係。

7 培養獨處的能力

和家人或朋友一起旅行當然很愉快，但若你**想要尋求靈感，不妨試試一個人旅行**。獨自旅行時，因為沒有熟人同行，反而更容易與當地人或陌生人交談，也更常有人主動來搭話。

獨旅的好處之一，就是能按照自己的節奏安排行程，非常適合靜下心來思考。特別是在安靜的地方，更能進入一種「空」的狀態，幫助自己梳理思緒。

不要把行程排得太滿，刻意保留一些發呆的時間也很重要。據說賈伯斯也很喜歡「禪」的修行方式。

平時也可以培養一個人就能做的娛樂活動。如此一來，不需要配合他人的時間安排，便能自在享受獨處的時光。

我非常喜歡一個人旅行，甚至還曾獨自走完日本一周。待在熟悉的家鄉，對周遭事物難免變得麻木，少了新鮮感；但旅途中所見所聞，都讓人感到新鮮。原本在生活中習以為常、不起眼的細節，只要換個環境，也能激發新的觀察與體悟。

此外，旅行的過程中，也常有機會認識來自不同領域的人，甚至開啟意想不到的商機。

在歐美，人們有時會和旅途中認識的人，進一步發展出商業合作的關係。他們經常在露營或渡假村長期停留，因此更容易建立起信任與友誼。與對方共度私人時光、深入了解彼此的性格，往往正是後續能否放心合作的重要關鍵。

近年來也有企業開始推行「Workation」（結合工作〔Work〕與度假〔Vacation〕的新創詞彙），**鼓勵員工轉換地點工作。透過與當地人交流，說不定也能激發出全新的靈感**。

我出國時，多半都是一個人。每次參加海外展覽會時，我總會多花點時間走訪當地街頭。

海外是創意的寶庫。不同國家的文化、價值觀、住宅形式、飲食習慣與思維方式，都能讓人一次次的收穫新的想法。

不過，這樣的發現不只限於海外。

每當我因工作前往陌生城市，總會一早起床，在飯店附近慢跑。透過跑步，不僅能感受城市的樣貌，還能迅速掌握周邊環境。

如果你覺得跑步太勉強，散步也很好。許多細節是坐車或搭電車無法察覺的，只有親身走訪，才能真正體會。

就算英文不流利也沒關係，中學程度的英文其實已夠用。更重要的是，你的人格魅力。

我曾在東京某場展覽會上，遇見一位來自臺灣的參觀者。他主動來到我的攤位，表示希望購買並寄送到臺灣。出乎意料的是，他很快就匯了兩百萬日圓（按：約新臺幣三十六萬元），我後來也寄出了產品。由於這筆交易來得太突然，我忍不住問他：「你怎麼會相信我？」他回答：「從你的眼神，我就知道，你是值得信賴的人。」

即使語言不通，人與人之間還是能互相理解。

最重要的，是你生而為人的真誠與魅力。千萬不要因為不擅長英文，就放棄出國的機會。

8 參加也參觀展覽會

在展覽會上，可以獲得大量的靈感與點子。

參加展覽會，一般分為參展者與參觀者。如果你打算參展，建議先以參觀者的身分親自走訪一次會場，再決定是否參加。

因為要是展覽現場人潮冷清，可能只是浪費資源。而主辦單位所公布的歷年參觀人數，往往經過灌水，參考價值亦十分有限。

從參觀者的角度來看，各個攤位的設計手法，也相當值得觀察與學習。這些觀察，在你日後參展時，便能派上用場。

對於利基商品而言，目標市場不該侷限於當地，而應放眼全國。

參加展覽會正是拓展通路與曝光品牌的絕佳機會，因此無論是展示規畫，還是人員安排，都應事前做好萬全準備。

展覽會期間，其他參展的同業有時也是潛在顧客。因此，不妨主動走訪會場其他攤位，展開業務拜訪。

若能持續參加高品質的展覽會，也能提升企業的信任度。既然要參展，建議盡量持續參加，不要中斷。

從參觀者的角度來看，展覽會最大的好處之一，是能藉由新商品發表會等活動，掌握當下的市場脈動，進一步培養自己的敏銳度。同時，你也可以觀察競爭對手的展出內容，思考下一步的策略。另外，留意人潮最多的攤位，也有助於你掌握接下來可能崛起的市場趨勢。

若對某個產業感興趣，不妨主動和一些看起來比較清閒的攤位攀談。對方大都會樂於分享產業內幕，畢竟對他們而言，這也算是消磨時間。此外，也別忘了觀察來客的組成與規模，這些資訊對於評估市場潛力非常有參考價值。

只要時間允許，即使不是自己本業領域的展覽，也很值得看看。

例如，東京國際展示中心的官網，就可以查到一整年的展覽日程，建議提早安排，才不會錯過有趣的主題。

還有，由於展館場地通常非常大，很容易迷路，建議出發前先查好參展廠商和重點展品，把想看的攤位標註在地圖上，才不會走冤枉路。

若有特別想洽談的企業，也可以事前和對方約好拜訪時間，以免白跑一趟。以我來說，雖然我住在金澤市[2]，一般會依東京展覽會的日程安排出差計畫，但由於業內人士參加機率高，我也會與對方直接約在展場內。

若展覽有舉辦專家講座、交流酒會等活動，也建議積極參與，才能掌握業界最新資訊。近年來線上講座日益普及，不必親赴現場也能參加，這類機會同樣值得好好利用。

不同產業的展覽會，其出展廠商與參觀者類型各有特色，親自走一趟現場，不僅能獲得第一手資訊，更能親身感受該產業的氛圍與活力。

當你主動造訪自己感興趣的攤位，並與攤主聊聊時，往往會在對話過程中，激發出新的點子。多數參展企業都在尋找合作夥伴，若你提出有趣或新穎的構想，對方通常也樂於合作。我也是透過多次參加展覽會，才成功建立了許多新客戶與合作關係。

利基商品的開發與推廣，往往不是一人能完成的事，因此，擁有志同道合的夥伴，就格外重要。

而展覽會，正是最好的場所——不但效率高，也處處充滿靈感。

海外展覽會，要這樣參加才有收穫

我經常會對公司員工說：「去海外的展覽會看看有沒有什麼新東西！」只要能代理海外產品，往後就有機會接觸到更多其他品項，也能遇見一些素材新穎、別具一格的產品。

我就透過參加海外展覽會，發掘許多商品並成功引進國內。

---

2 位於日本石川縣中部的城市。

只要是市場尚未出現的海外商品，就具備在國內利基與唯一的優勢。

此外，海外最新的設計也值得參考，有助於提升審美眼光。多參與海外展覽會，不僅有機會拓展產品線，也能認識更多海外朋友。像我目前在美國、德國、瑞典、英國、韓國、中國、馬來西亞、菲律賓等地，都有長期固定合作的商業夥伴。

不同國家的展覽會，也能讓人感受到該國的民情。例如在中國，展期最後一天還沒結束，有些人就已經開始打包收攤。許多中國參展者也不太主動推銷，大都等客人主動詢問，有時甚至還會在攤位內吃東西。

韓國方面，則是很多翻譯人員會說日語，加上地理位置鄰近，即使進一步洽談合作，也不會有太大負擔，我就經常往韓國跑。

新加坡是亞洲與歐美廠商的交會點，歐美企業若打算進軍亞洲市場，亦常以此為跳板。

在瑞典，有些攤位會為參觀者提供餐點甚至酒水，且當地女性經理人比例相當高，工作態度也非常積極，一點也不輸男性。

在美國，部分展覽會需付費入場，票價甚至高達三萬日圓（按：約新臺幣五千四百元）。不過，正因為採收費制，篩選掉走馬看花的參觀者，反倒能有效提升參展效率。

或許你會覺得參加海外展覽會門檻很高，不過即使是中小企業，也應積極向海外看齊。我的英語能力並不特別強，但只要能在當地找到翻譯陪同，就能到處拜訪、洽談合作。

和日本展覽會不同，海外展覽會的所見所聞皆充滿新鮮感，可說是點子與靈感的大寶庫。看到感興趣的產品時，不妨先帶回日本調查評估，或是也可以先購入樣品，做初步測試。

不過也要注意，若猶豫太久，可能會被別家公司捷足先登。因此，決策最好果斷迅速。

第 4 章

避開賠錢坑

1 從卡關到爆想的六步驟

要想產出好點子，其實有方法可循。當你靈感枯竭、腦袋一片空白時，不妨嘗試以下六個角度。

1. 自卑感

每個人多多少少都有自卑感。無論是外貌焦慮、學歷壓力、人際障礙等，只要仔細思考，總能列出幾個問題點。也因此，大家才會想方設法克服。這份想要改善的渴望，就是創意發想的起點。

請試著針對你所處的產業、公司、產品，列出顧客可能會有的自卑感與焦慮。或許某個新點子，就會從中誕生。

2. 流行趨勢

掌握潮流脈動固然重要，但如果只會人云亦云，絕不可能成為金蛙。關鍵就在於：能否搶得先機。

請時時關注目前正在流行什麼、下一波的潮流，並以此發想新點子。

我們總說：「流行是個輪迴。」過去曾風行一時的產品，是否能再次復刻？或是也可以搶先引進當前在美國爆紅的商品，但平常就要多注意社會氛圍與文化動向，培養敏感度，才能搶先搭上浪潮。

3. 將目標客戶設定為有錢人

不論你是面對企業還是個人，都應以願意花錢的對象為目標客戶。千萬不要設計平凡無奇、賣給所有人的產品。**你該做的是，打造即使價格高也會有人買的利基商品**。

請明確鎖定目標客群。就算有一百個人不感興趣，也要設計出能打動十位受眾的產品，這才是最重要的關鍵。

4. 解決不方便

每當你心想「這實在太麻煩了」、「根本做不到」時，其實商機就藏在這些不方便之中。

舉例來說，隨著雙薪家庭增加、打掃時間變少，家事清潔服務便應運而生並迅速發展。

最近甚至還出現一種熱門服務——代替新鮮人向公司提離職的「離職代辦服務[1]」，這正是掌握「不好意思開口」所衍生出的成功商機。

還有像是卡車司機人力不足導致配送延誤、高齡者無法採買日用品等問題，請試著觀察日常生活中的各種不便，靈感就藏在那裡。

5. 急迫性

突發災害等緊急狀況所需的商品或服務，也常常能成為創業點子。這類商機具有時效性，行動務必快狠準。

三一一東日本大地震（按：二〇一一年三月十一日，發生於日本東北地方），我剛好在韓國看到太陽能充電器，當時立刻進口販售，短時間內就賣出約兩千臺。

近年因應新冠疫情（按：始於二〇一九年底，約持續至二〇二二年），口罩的需求爆增也是一例。

一旦遇上突發情勢，不要只是看熱鬧，而是要養成習慣思考：「有沒有什麼是現在當下急需的商品或服務？」

6. 節省時間

近年來，社會大眾越來越重視「TP值」（Time Performance），也就是時間效率。舉凡工作效率、單位時間產能，甚至是日常生活中煮飯、打掃，省時需求無所不在。

1 日本近期興起的服務，當員工難以向公司開口表達辭職意願時，可以委託代辦人員向公司提出辭職，並辦理離職手續。

除了上述六點外，當然還有其他層面。但是，當你怎麼想都想不出點子時，不妨就先從上述六個方向練習。

另外，也建議你事先劃清界線，訂出就算能賺錢，我也絕對不想做的事。如此一來，你的方針就會更清晰明確。

2 別想挑戰產業領頭羊

你是否曾想過「我一定要贏」？

大多數人都會這麼想，畢竟誰都不想輸。

奧運的世界裡，有句經典名言：「參賽本身就有意義。」但這句話在商業圈可不適用。因為奧運選手輸掉比賽，還能繼續生活；經營者輸了，可是會面臨倒閉或破產。

因此，身為經營者，必須能確實打勝仗。

要贏，就得思考「靠什麼取勝」、「該在哪個戰場上打」。若選錯戰場，只會陷入泥淖。

中小企業經營者、新事業負責人、或是想創業的你，該瞄準的是成為金蛙，也就是在利基市場中成為唯一。

不是爭奪業界第一，而是成為無可取代的唯一，才是最強的競爭策略。而所謂的「唯一」，並不是挑戰產業領頭羊。

若拿棒球來比喻，與其成為像大谷翔平一樣的全能型選手，倒不如成為戰術型選手，例如擅長短打或代跑。

在某個特定領域擁有無可取代的強項，就是生存之道。

當然，擁有不輸任何人的強項，並非人人做得到，培養實力也需要時間。

那麼，該怎麼辦？

以職業運動來說，與其硬碰硬，不如選擇冷門賽道，甚至是自己創造出全新的運動。只要沒人跟你競爭，你不必打仗也能贏。

商業的世界亦然。選擇冷門市場，拿下壓倒性勝利，或是在沒對手的新領域中搶先占據地位，這才是制勝關鍵。

我之所以再三強調不戰而勝，是因為我曾有過慘痛的經驗。

我曾擔任某家海外製造商的日本總代理，販售產業用電池。當時我的對手是日本三大電池廠。

我一開始以低價策略殺出重圍，連續兩年屢屢得標。

當我擊敗大廠、成績亮眼時，我整個人得意忘形。沒想到第三年，大廠開始抹黑我們，導致我方產品被市場排擠。

此外，許多大廠為了提升顧客滿意度，即使產品已使用超過五年，仍會提供免費更換服務。

儘管合約上明訂保固一年，業者仍願意自行吸收後續的維修與更換成本。想當然耳，客戶也期望我方能提供相同的售後服務。

然而，作為資源有限的中小企業，我們在資金與人力上都比不上大型企業，自然無法提供如此優渥的售後服務。

這段經歷讓我徹底體認到：**中小企業絕對不能和大企業正面交鋒**。

自此之後，**只要我開發的事業一有大廠跟進，我就立刻撤退**。

因為我非常清楚：「最強的競爭策略，是不戰而勝。」

《孫子兵法》寫道：「是故百戰百勝，非善之善者也；不戰而屈人之兵，善之善者也。」這段正是在強調不戰而勝。意思是，場場打勝仗固然厲害，但這不是最好的策略，因為每戰必損耗資源；若能不戰而勝，才是真正的上策。

有些中小企業即使面對大廠強勢進攻，卻還是死守著產品線，甚至不惜以降價應戰。

但這就像素人硬要和職業摔角選手較量，大企業掌握著人才、資金、資訊、時間等所有資源，小公司往往只會落得一敗塗地。因此，當大企業插手或者有人蓄意破壞市場價格時，與其爭個你死我活，不如果斷放手，然後全身而退。

或許你會失落，覺得一切心血都白費了。

但請你靜下心想一想——你已經擁有開發出利基商品的發想力與實績。只要你做得出第一項，就能做出第二項、第三項。

接下來，你只要提升市場門檻、強化競爭壁壘，讓潛在競爭者打消念頭，你無須交戰也能長期獲勝。

3 毛利低於三成，不做

對中小企業來說，一開始就應鎖定高利潤的商品或事業。

如果預期利潤只有兩、三成，我會建議一開始就別做。

定價的基礎來自成本，但實際售價仍須根據銷售通路的不同，綜合考量批發商與零售商的進貨價格。流程如下（見圖4-1）：

1：成本↓

圖4-1　定價流程

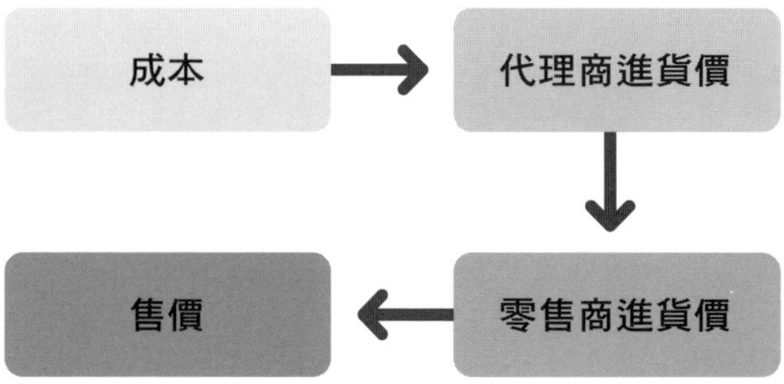

2：代理商進貨價↓

3：零售商進貨價↓

4：售價。

第2與第3階段，同樣必須為對方預留利潤空間。由於不同產業的利潤率差異甚大，建議應事先調查並個別設定進貨價格。假設在商品開發階段，設定如下（見圖4-2）。

1：成本三百日圓。

2：代理商進貨價五百五十日圓（為建議售價的五五％）。

3：零售商進貨價七百日圓（為建議售價的七〇％）。

圖4-2　在商品開發階段，如何定價？

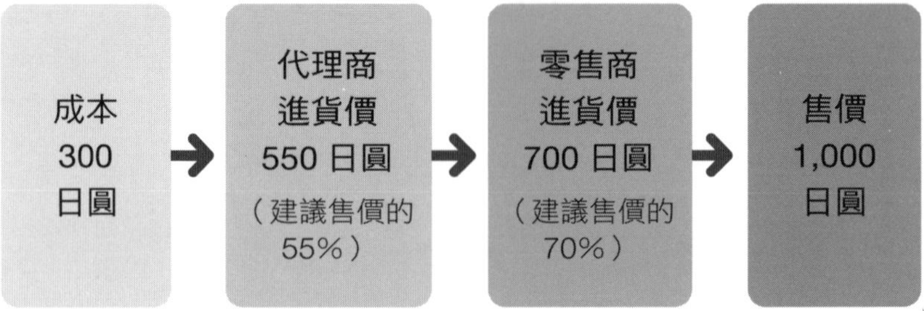

4：售價一千日圓。

若參照競品價格與市場行情後，發現最終售價不具市場接受度，此時就應該果斷放棄。

產品定價是經營決策中，非常重要的環節。**價格一旦訂得過低，往後很難調漲。因此，建議一開始就設定較高售價。**若為海外進口商品，更應預估匯率波動的風險，提前反映在價格上。

我曾將成本約五萬日圓（按：約新臺幣九千元）的商品，定價為三十八萬日圓（按：約新臺幣六萬八千多元），略低於當時市場行情的四十萬日圓（按：約新臺幣七萬兩千元）。其實，即使賣二十萬日圓（按：約新臺幣三萬六千元）也有利潤，但事實證明，定價略高依然能賣得動。

經常有人說：「價格便宜，商品自然會賣。」但這句話不完全正確。例如化妝品，若價格太低，反而會讓人質疑品質，導致銷售不佳，甚至連品牌形象都會連帶受損。

重要的是，如何讓商品「盡量賣貴」。為此，必須挖掘出產品的特點，與競品比較分析，並仔細思考提升價格的策略。

即使是委託外國代工或進口的商品，我也會親自在日本國內檢驗，安排與競品比較測試，以強化差異化優勢。有時測試設備投資動輒百萬日圓（按：約新臺幣十八萬元），但這些投入都是為了提升售價。

如果當時利潤率允許，我也會在包裝設計與命名上下工夫與投入資金。正因為如此，商品才能以高價持續熱銷。

我怎麼打敗大公司？麻煩多、獲利少

在大型企業投入鉅額廣告預算、掌握市場主導權的領域，中小企業往往難以切入。確實，如果只是盲目模仿大企業，中小企業幾乎沒有勝算。

但只要方法得當，中小企業依然有機會突圍，甚至有可能獨占市場。關鍵在於，鎖定大企業不願意或無法深入的小眾市場，以及用心做好細節服務，提高服務差異化。

前面提過的電池事業（見第六十三頁），就是成功範例。

當時市場由三大電池廠商壟斷，我選擇反其道而行，在全國以有價收購回收電池。這與大企業主張讓客戶付費、作為廢棄物處理的做法完全相反。對於工業用電池來說，我是第一人，也因此開創出獨一無二的利基事業。

這是一口麻煩多、獲利少的井，大企業不屑一顧，其他人也不願插手，因此我得以長期經營至今。

你也可以試著思考，**大企業做不到哪些細節服務**。

以居家清潔為例，大型清潔公司多提供廚房排油煙機清洗或空調清潔。但對消費者來說，有時只是想請人刮掉排水口的黏滑物、清掉牆上的塗鴉。

這些其實多半是自己不想做、又不想花大錢請人代勞。這樣的需求，正是利基市場的商機。

如果你曾到客戶家中、提供細節服務，也取得對方的信任，對方可能會接著說：「下次能幫我整理一下庭院嗎？」諸如此類的需求就會一一浮現。最終，連原本是大企業擅長的服務，例如油煙機清洗或冷氣保養，也會轉而委託你。

只要你願意投入大企業嫌麻煩、不想做的細節服務，你一定可以打造出獨一無二的事業。

即使你沒有經驗，也不需要氣餒。正因為你是「圈外人」，你的觀點反而更能激盪出新想法。**只要找到該產業的盲點，跳脫常規、獲得顧客的認同，並持之以恆，顧客一定會變成你的忠實支持者。**

只要你能贏得顧客的信任，建立起大企業難以仿效的服務模式，就能長久經營你的利基市場。

別人不願做、不好做，就有商機

如果你的目標是成為金蛙，就**不能製作或販售大企業會做、人人都能接受的商品。因為只要一踏入價格戰，你注定會輸。**

那麼，我們該推出什麼樣的商品？

舉例來說，硬邦邦的棉花糖或苦味冰淇淋，這類違反常識的商品也未嘗不可。原本應該蓬鬆柔軟的棉花糖，若變成硬的，反而會讓人覺得很新奇、很有趣，自然能成為話題。苦味冰淇淋也是同樣道理，原本甜滋滋的冰品卻帶有苦味，這種反差本身就是一種吸引力。**也許你會覺得這種點子太荒謬，但如果想成為金蛙，就必須有這種異想天開的創新思維**。

顧客不渴望千篇一律的東西，他們真正追求的是驚喜與新鮮感。平凡無奇的商品最容易被忽略，這種大眾大口就讓綠蛙去做。反而是非主流的小眾產品，往往完全沒有競爭對手。

或許你會懷疑：「真的會有人買嗎？」事實上，人們天生就有好奇心，也渴望與眾不同。大家都喜歡的商品，反而因為缺乏特色而顯得無趣。

4 熱賣了，反而該退場

接下來介紹我親自操刀的商品。

第一個，是家具風格的高級水耕栽培機（見左頁圖D）。

這款產品最初是由我在菲律賓的朋友開發，目標客群是當地的富裕階層。我認為這款商品在日本也有市場，因此與對方簽訂委託代工合約，由他們生產栽培機本體，再委託日本的宜得利（Nitori）製作家具。

你可能會好奇，為什麼宜得利會願意接這種案子？其實一開始他們拒絕了。不過，後來有位負責人覺得我的構想很有趣，也符合時代潮流，於是促成了合作。

水耕栽培裝置所使用的鋁製零件，我是委託另一家大型企業三協立山鋁業。對方同樣因為覺得點子有趣，即使訂量很少，也願意幫忙。

宜得利的年營業額高達九千四百八十億日圓（二〇二三年第三季〔按：約新臺幣一七〇六．四億元〕），三協立山鋁業則為八百七十五億日圓（二〇二三年五月〔按：新臺幣一五七．五億元〕），而我的公司年營收甚至還不到十億日圓（按：約新臺幣一．八億元）。

這款家具是請我認識的設計師協助，僅製作五臺。即便如此，只要點子有趣，大企業也會願意合作。

如果我一開始就認為對方不可能會理我，連試都不試，這款商品就不會成功。

另一個例子，是搭載太陽能發電功能的手機用充電器（見圖E）。

▲圖 D　高級水耕栽培機，目標是富裕階層。

▲圖 E　將太陽能板貼在充電器側邊，不插電也能充電。

市面上的手機充電器琳瑯滿目，但大都需要插電才能使用。

於是，我想到，或許可以試著將太陽能板貼在充電器一側，讓充電器在不插電的情況下，也能夠補充電力。

我本身沒有製造方面的專業知識或技術，但只要有新奇、有趣的點子，就一定能找到願意製造的廠商。

這款太陽能充電器，就是我聯繫數家小型製造商後，其中一家表示同意代工。

就算對方是大型企業，只要你的想法夠創新，他們都會願意聽你說。畢竟他們手上雖有技術，卻欠缺創新構想。

換句話說，不論你的公司有多小、是否具備技術能力，只要有好點子，你就有機會勝出。

不過，要特別注意：**當你的商品一旦開始熱賣，就很有可能被其他廠商模仿。因此，一定要事先做好防範對策**。像這款充電器，我是透過申請專利來保障權益。專利與其他相關保護相關措施，我會在第六章（第一八四頁）進一步說明。

出人意表的創意或商品，往往在一開始都飽受批評。

舉個例子，二〇〇七年 iPhone 首度進入日本市場，曾有大企業高層大肆批評，理由是日本人早已習慣用單手操作手機，像 iPhone 這種需要雙手操作的設計，在日本應該不會受歡迎。但事實是，iPhone 很快就在日本市場掀起熱潮，至今仍維持壓倒性的市占率。

瞄準不到三成的客群，更容易爆紅

大膽的創意有時會被嘲笑、被當作異想天開。可是如果只從常識出發，絕對無法誕生這樣的點子。就像前面提到的硬邦邦棉花糖或苦味冰淇淋，若真的想將其商品化，恐怕十個人中，有七個都會跳出來反對。

但反過來想，只要有一、兩個人說「這點子很有趣」，就表示市場上已存在一部分需求。

如果你的目標是打造金蛙事業，就應瞄準這不到三成的少數族群，專注開發符合他們期待的商品。

當你開始聽到顧客說：「你們公司都在做一些有趣的東西！」就表示你走對方向了。

當然，這樣的策略也伴隨著不小的風險。不過，就像前面提到的，只要十個產品中有三個成功，其實就算是很棒的成果。請抱著這樣的心態，大膽嘗試看看。

太創新也會失敗

我在前面提過，發想另類點子很重要，但話說回來，產品若太過創新，也很容易失敗。

點子的切入角度，只要比別人超前「半步」，其實就剛剛好。

所謂過於創新的產品，是指會動搖人們原有觀念與生活方式的商品。若想推廣這類商品，光靠銷售本身還不夠，得先改變顧客根深蒂固的觀念與習慣。但這種推廣所需的時間與成本，對中小企業而言，負擔往往過重。

我曾販售過直接在牆面上壓出圖案的專用滾輪與塗料，這是韓國某家廠商開發的創新產品，比起一般單色刷漆，可以壓出圖案的塗料更具話題性，當時在韓國與中國都賣得不錯。

我認為這款產品在日本也有市場，於是引進販售，結果卻幾乎賣不出去。

為什麼？在海外，牆面刷漆是很常見的做法，但在日本，室內牆面普遍使用壁紙。日本的壁紙款式堪稱世界第一，價格也相對便宜。就算不靠塗料，市面上的花紋壁紙也多到數不清，自然沒人會特別想嘗試這款商品。

像這樣，**會顛覆既有概念的產品，從認知到理解、再到被市場接受，所需的時間與廣宣費用都非常可觀。對中小企業來說，難度實在太高**。

反觀超硬邦邦棉花糖或苦味冰淇淋這類點子，則不會遇到這種難題。

畢竟這些類別本來就為人熟知，只是稍微改變口感或風味，自然比較容易被接受——這也是我從失敗中學到的重要一課。

5 別只想降價，要想怎麼漲價

我從不經手需要打折促銷的商品。所謂的金蛙，從一開始就不該選擇非得降價才能賣出去的產品。因為金蛙的條件，就是要掌握利基、成為市場上獨一無二的存在。而真正的利基商品，根本不需要降價。

那麼，為什麼大家總是走上打折這條路？

- 商品滯銷，庫存堆積。
- 想加快銷售，回收現金。
- 若不加快銷售速度，商品價值可能因流行性、需求或季節性下降。

- 為了在價格競爭中勝出。
- 想趕快清空庫存，進下一批貨或開發新產品。
- 為了長期維持與顧客的交易關係。
- 想用促銷刺激顧客購買意願。

雖然上述理由看似都很合理，但降價的本質就是讓利，也就是削減了你原先設想的利潤。如果你打算靠大量銷售來彌補毛利，降價可能會有效果；但若銷量不夠大，實際上結果會非常慘烈。

舉個例子，假設你手上有一款商品，成本是五千日圓，建議售價為一萬日圓，理論上可以獲得五〇％的毛利（按：毛利除以營收，再乘以百分比）。

這樣一比，我想大家都看得出結果（見下頁圖 4-3）。

尤其是五折的狀況，你可能會以為帳面上收入增加了五十萬日圓（按：約新臺幣九萬元），代表賺錢；但事實上你完全沒有獲利，算式很清楚告訴你，一切只是做白工。

圖4-3　降價就是讓利，容易做白工

- **照原價銷售時的總利潤：**
  （10,000×100 件）—（5,000×100 件）
  ＝ 500,000（日圓）
- **打 7 折時的總利潤：**
  （7,000×100 件）—（5,000×100 件）
  ＝ 200,000（日圓）
- **打 5 折時的總利潤：**
  （5,000×100 件）—（5,000×100 件）
  ＝ 0（日圓）

左頁的表4-1，將詳細說明在不同售價與銷售數量下，利潤會產生什麼樣的變化。

從左頁圖表可看出，就算是降價打九折、賣十五個，還不如調高價格、賣八個（③的毛利總額最高）。**請不要只想著降價，試著反過來思考能否調高價格。**

舉例來說，與其賣七十日圓（按：約新臺幣十三元）的豆腐，不如賣三百日圓（按：約新臺幣五十四元）的豆腐。**如果想讓價格合理化，就要好好思考能加上哪些附加價值。**

表4-1　調高價格，才有獲利空間

	現狀	降價時	價格變動率	漲價結果	價格變動率*
售價成本（原價）	10,000	9,000	－10%	11,000	＋10%
採購成本	7,000	7,000	0%	7,000	0%
銷售利潤（毛利）	3,000	2,000	－33%	4,000	＋33%
毛利率	30%	22%	－	36%	－
銷售數量（個）	10	15	＋50%	8	－20%
毛利 × 銷售數量	30,000	30,000	0%	32,000	＋7%
	①	②		③	

＊ 價格變動率（Rate of Change，簡稱ROC），比較現在價格和過去某個時間點價格的差異，並以百分比表示。

此外，當你決定要漲價時，也要平時就累積相關資料，以便向客戶（消費者）說明，例如匯率波動、原料價格上漲、運費或人工成本上升等。

還有，為了避免客戶討價還價，你得下工夫讓對方認同：「你的服務值得我花這筆錢，就算貴一點也合理。」

中小企業必須追求高毛利的經營方式。大型企業的貨量動輒十萬件起跳、甚至上百萬件，可以薄利多銷，但中小企業不行。因此，更要對利潤率保持高度敏感。

降價是最簡單的銷售方式，但也是最不該仰賴的手段。**一旦你降價，客戶就會期待下次也會降價、原來這商品可以賣得更便宜。如此一來，反而會讓商品的價值下降，品牌價值也會跟著受損**。

我認為與其降價，更要徹底挖掘出商品的優點與優勢，並思考如何以高價銷售商品或服務。

如果非得要降價促銷，也不要只是單純打折了事，而是應搭配以下幾種方式，讓降價發揮更高的效益：

- 將滯銷商品搭配熱賣商品銷售，改為兩件一組或十件一組（讓客人覺得划算，順便清庫存）。
- 發送折價券，在限定條件下，提供優惠（有助於提升回購率）。
- 舉辦全館促銷活動，讓特價品成為主打商品（帶動其他商品）。
- 將特價商品當作試用品推廣（提高商品的曝光度與知名度）。

透過這些策略，讓降價不只是單純降價，而能為商品創造更多附加價值。

但原則上，打造出不靠降價也能賣得動的產品，才是根本的經營之道。

還要投入夕陽產業嗎？

如果非得靠降價才能賣出去，就表示該商品在市場上缺乏價格競爭力。因此，在開發階段，就必須思考如何避免發生這種情況——這也是想成為金蛙的鐵則。

只要是具備利基特色、無可取代的商品，自然不會陷入價格戰的泥淖。

此外，還有一點要切記：**不要投入夕陽產業**。

為了避免這種情況，在創業前就要仔細評估產業的未來發展潛力。

當然，也有「剩菜反而最香」的情況，但這畢竟是少數。

如果產業已走下坡，或處於激烈的價格競爭中，就算你再努力，不僅賺不到錢，還可能被消耗殆盡。因此，從一開始就要慎重以對。

如果你現在身處獲利穩定的產業，自然能與其他同行分享正向、充滿希望的未來藍圖；但如果你處在夕陽產業，你會發現周圍充滿抱怨與無奈，這樣的環境恐怕也留不住人。

我們常說：「君子不立於危牆之下。」選擇能看到未來希望的路，才能走得更長久。

第 5 章

幫我賺進 2,000 萬元的獲利聖經

1 利基商品不一定要從零開始

想提高淨利率（Profit Margin，將淨利潤除以銷售收入，並以百分比表示），首要原則就是盡可能壓低開發費、原料費等各種成本。

為此，平常就要保持敏銳，主動蒐集情報，看能否找到比目前更便宜的原料，或是提供更划算報價的製造廠商。

同時，你也要判斷，**你找到的低價原料，競爭對手是否也能取得，並用同樣低的成本開發產品？**

如果不事先釐清，最終仍有可能捲入價格戰。

此外，透過改善人力流程，也能有效降低成本。舉例來說，調整組裝順序、整合或精簡不必要的流程來提升生產效率，或是活用資訊科技來減少人力需求，進而壓低人事支出。甚至在運送成本上，也可以透過小巧思來降低費用。

只要持續調整與改善，整體售價就能保有競爭力。

所謂的利基市場商品，並不一定得從零開始。

只要重新檢視現有產品，思考是否具備其他品牌所沒有的優勢，並找出可改進的地方，就有機會讓它蛻變成極具競爭力的獨家商品。

舉例來說，木糖醇口香糖就是透過更換原料，創造出全新的價值。傳統口香糖以砂糖或人工甘味料為主，但木糖醇則具有抑制蛀牙菌的效果。這樣一來，不僅顛覆了口香糖會蛀牙的既定印象，反而開創出幫助減少蛀牙菌的全新市場。

此外，也可以在包裝多下工夫。

例如，採用回收材料製作包裝，不僅有助於降低成本，還能對永續發展[1]。有

---

1 Sustainable Development Goals，簡稱SDGs。由聯合國於二〇一五年提出的全球性倡議，旨在解決貧困、環境惡化與社會不平等、經濟等問題，共有十七項核心目標，涵蓋消除貧窮、消除飢餓、健康與福祉、優質教育、性別平等、就業與經濟成長等。

所貢獻，進而提升品牌形象。

服務也是一樣。只要比其他業者先提出，就有機會在市場上取得優勢。不過，這類服務最好也加上獨到巧思，才能避免競爭者輕易模仿。

2 注意政府的各種補助資訊

社會趨勢、匯率波動、法規修正，這些也許是經營上的風險，但對於志在成為金蛙的你來說，正是一個個寶貴的商機。

關鍵在於，從這些變化中**預測未來可能的走向，進一步倒推思考——接下來的社會需要什麼樣的商品與服務？**只要掌握上述邏輯，就能創造出屬於你的利基市場與獨一無二的事業。

實際上，人工智慧與物聯網[2]的迅速發展，已催生出許多前所未見的新商品與

2 Internet of Things，簡稱IOT。指透過軟體、感測器和其他技術連接到網際網路，所形成的網路系統。

新商業模式。

舉例來說，在全球七十多個國家普及的叫車服務Uber，雖然目前在日本仍受到法規限制[3]，但在面臨人力短缺的現況下，相關法規正逐步鬆綁，全面解禁只是時間問題。

新冠疫情也加速了遠距辦公、線上講座與網路購物的普及，這些型態如今已成為日常生活的一部分。

同時，消費者的價值觀也正在轉變。即使價格較高，消費者仍願意優先選擇環境友善的商品；與其擁有實體物品，更偏好透過訂閱制（subscription）共享資源。

在職場方面，求職者也不再只重視企業規模與名氣，而是更關注是否擁有良好的工作環境、實踐永續發展目標，以及落實企業社會責任（Corporate Social Responsibility，簡稱CSR）。

正因為我們處在這樣多元變動的時代，反而蘊藏著更多機會。特別是反應快、行動靈活的中小企業，往往比大型企業更具優勢。

我自己長年從事進口事業，因此對匯率變動也特別敏感。

當我預判日圓即將升值，就會積極增加海外採購的訂單；反之，若預測日圓會貶值，則會加強外銷（按：當日圓升值，代表可以用相同的日圓換到更多的外幣，同樣一筆資金，可以買到更多國外貨品）。

即便是與外匯無直接關聯的企業，也不能忽視匯率對原物料成本的影響。例如，最近美日兩國的利率差擴大，也可考慮以美元計價進行資產運用。

無論日圓升值或貶值，關鍵在於培養思維模式——能否在任何變化中看見機會，並將其轉化為自身優勢。

法規修正也是極佳的切入點。

例如，《日本電子帳簿保存法》與發票制度改革，雖然讓不少企業面臨轉型壓力，但也有公司藉此開發簡化流程的系統，大幅提高營收。

3 在日本，只有合法的計程車司機和取得營業許可的運輸業者，才可以收費載客。自二〇二四年，部分地區因應人力短缺，如北海道等地，已開始試辦地區限定共乘服務，讓一般人開車接送乘客。臺灣則是僅能媒合有職業駕照、合法登記車輛的駕駛，不得使用一般自用車營業。

也有業者善用政府提供的資訊科技（Information Technology，簡稱IT）導入補助，趁勢推進數位轉型（Digital Transformation，簡稱DX），藉由數位技術徹底革新經營體系。

法規變動通常會帶來相關的應對需求，甚至還可以申請補助金。無論是稅制、勞務制度等，企業都應對法規資訊保持高度敏銳，才能掌握先機。

若不主動掌握補助金，就等於領不到。**尤其是在你準備開發新事業時，更應密切追蹤各項補助資訊**。

進入門檻越高，利潤也越高

社會上有不少產業由少數大型企業壟斷，例如醫療、計程車、電信、金融等。這些產業的門檻非常高且普遍較封閉，不太接受新創公司。想要後來居上、從頭加入的新公司並不多。

然而，也正因為如此，龍頭企業往往容易掉以輕心。此時，若能以利基事業成功切入，就有機會建立起難以取代的市場定位，打造出獨占性高、一枝獨秀的事業版圖。

不過，要注意的是，這些行業的龍頭企業會組成公會或產業組織，制定出一套行規與潛規則。

面對這種情況，如果你能用正當的論點與之抗衡，說不定還能撼動對方。必要時，也可以強勢一點，說：「這個規定是不是太偏袒固有企業了。」、「這樣不太公平。」、「我可能得請教一下主管。」這些說法有時反而能打開局面。

如前所述，當年我進軍電池市場也遇到類似情況。當時該產業有自己的團體，所有產品都必須通過他們的認證。

儘管對手頗為棘手，我仍堅持以正當理由據理力爭，對方最後才核准我們的產品上市。

這項事業後來為我帶來約兩億日圓（按：約新臺幣三千六百萬元）的營收，而且利潤率也相當可觀。

即便是封閉的行業，只要出現機會，就不要輕言放棄，積極尋找切入點。

萬一實在無法引進國內，**也可以考慮先從海外市場做起**，在國外建立實績後，再回頭打入國內市場。

3 從海外找商品

想要發展利基事業，也有一種方式：從「人」開始著手，例如網羅優秀人才加入團隊，或爭取到出色的合作夥伴。

我過去就曾因為聽聞某領域的專家是我朋友的熟人，或某人即將從公司離職的消息，主動網羅對方加入團隊，並以此開啟新事業。

即使對該領域不熟悉，只要延攬到真正優秀的人才，就有機會藉由對方的人脈，接觸到該產業中一流的專業人士，並以此推動新事業。

換句話說，**與其什麼事都自己想，不如善用專業人士的能力，發展利基事業，才是最有效率的捷徑。**

反過來說，若你手上有獨特的利基商品，自然也會吸引優秀人才主動加入。

和其他公司做一樣的事，自然吸引不到真正有想法、有企圖心的人才。但如果勇於嘗試新事物、挑戰常規，只要一公布職缺，就常有優秀人才主動上門。我的公司在找人這件事上，從來不曾吃過苦頭。

若你對某個產業特別感興趣，也可以主動獵才。只要老闆身邊聚集夠強的人，新事業自能能迅速推進。

SWOT分析，重新評估公司優勢

透過ＳＷＯＴ[4]分析，重新認識自家公司的優勢與弱點，也可以進一步發想出新的利基事業。而且，往往比從零開始要來得快。

請試著細細盤點你的公司有哪些客戶、技術、供應商等資源，重新檢視強項與弱點，當中是否有素材可用來開發利基事業。

或許你能將弱點轉化為優勢，或是透過補強弱點開發新事業。在這樣的過程中，或許你也能發現新客群。

舉例來說，如果你公司的產品目前已被A公司採用，A的同業B公司是否也能成為你的潛在客戶？或者，現有技術若加上一些創新元素，能否拓展應用到其他產業領域？供應商方面，也可以思考是否有條件更好的來源。

重新檢視現有事業的基礎，再加上一點新想法，有時就能催生出全新的商機，或是與既有主力業務產生加乘效果（也就是所謂的綜效[5]）。

如何引進海外產品？

如果你想快速取得利基商品，從海外找會是不錯的選擇。例如，可以透過參加

4 一種策略規畫的工具，SWOT分別代表：優勢（Strength）、劣勢（Weakness）、機會（Opportunity）與威脅（Threat）。

5 將兩個或多個不同的事業、活動或過程結合在一起，所創造出來的整體價值會大於結合前個別價值之和的概念。

展覽會或上網搜尋，找到海外的企業與商品。

過去展覽會上的出展廠商多為大企業，但近年來，有越來越多中小型外國製造商積極拓展海外市場。這些外國廠商通常對小規模的訂單也持開放態度，合作門檻相對不高，因此很容易談成生意。

首先，可以透過電子郵件聯絡，表達銷售的意願，並觀察對方的回應。如果對方的態度積極，再親自造訪工廠或實際檢視商品、聽取說明，以及確認交易條件與合作細節。

不過，若決定與海外廠商合作，務必要爭取總代理的銷售權。否則，當商品在市場銷售順利後，對方可能會轉向尋找條件更優的大企業，甚至被其他公司搶走代理權。因此，務必事先做好風險控管。

4 羊毛出在「有錢人」身上

做生意的基本原則，就是要從「有錢人」身上賺錢。因為你沒辦法硬把東西賣給沒錢的人。從一開始就選擇好的客戶，也能減少創業的壓力。

如果你希望自己的客群層次更高，就必須與這些人建立關係，親身體會他們的生活型態、思維方式與價值觀。

有一年，我幾乎每週週末都與客戶共度時光。粗估起來，一整年約有四分之三的週末，我都在陪客戶打高爾夫球、釣魚、滑雪、泡溫泉、旅行。透過這些活動，我除了能深入了解高資產客戶的想法，也能順利談成生意。

更重要的是，更容易掌握對方的需求，進而激發出更多新點子。

就像我在第九十一頁提到的，培養審美意識、提升個人品味，不只是修養自己，更是讓自己成為——好客戶願意喜歡、願意信任的人。

既有元素加乘，就是利基商品

多數發明，其實都是重新組合現有事物。換句話說，只要把兩樣東西結合起來，就能創造出利基商品。

透過這種方法，不須從零開始想點子，也能快速、輕鬆的開發出具有市場的商品。在開發商品時，不妨參考以下幾個關鍵字：**轉用**、**應用**、**變更**、**擴大**、**縮小**、**替代**、**改造**、**顛倒**、**整合等**。

我曾經把不鏽鋼板黏貼在橡膠墊上，就誕生了一項商品（如左頁圖F）。不過，當然不只是貼上去這麼簡單，而是經過反覆測試，直到客戶滿意為止。「〇〇加〇〇」這種概念只是個起點，要讓它真正成為商品，仍須事先做好周密規畫與準備。

而我這項產品，最終不僅成功取得專利、創造超過一億日圓（按：約新臺幣一千八百萬元）的銷售額，甚至還獲得了日本文部科學大臣獎[6]。

跨領域產品

在同一個業界待久了，就越來越不熟悉其他產業的產品。

我一開始是在工業用塗料業界。塗料分為建築用和工業用，但當時沒有人會把建築用的塗料用在工業用途上。

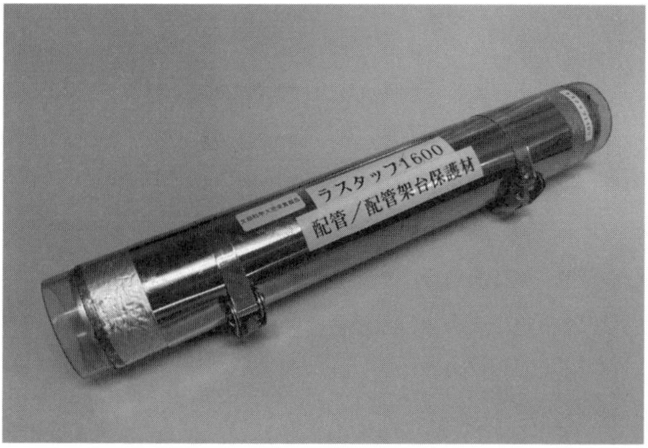

▲ 圖F　把不鏽鋼板黏貼在橡膠墊上，就誕生出利基商品。

6 日本文科部科學省，相當於臺灣的教育部。科學技術領域文部科學大臣獎，是為了獎勵在科學技術領域有卓越貢獻的人士或團體，而設立的官方獎項之一。

然而，我發現建築用塗料的品項多、價格也比較便宜，就想：能否直接轉用到工業用途上？於是我請生產建築塗料的廠商代工，換個商品名，再以工業用塗料販售，結果製造成本低很多，我也因此獲得市場上的優勢。

不過，每個產業檢驗產品的方式與標準都不同，須事先做好調查，符合產業規範才行。

接觸到不同產業的產品後，我也因此認識許多業界人士，甚至共同開發出全新商品。這樣的過程不僅充滿刺激，更帶來許多意想不到的收穫。

5 質疑現有的習慣和常識

有時，商品本身沒有任何改變，只要改變商業模式或運作流程，也能打造出利基事業。

例如，我在前面提過的回收電池，就是把客戶付錢處理廢電池，改成由我出錢向客戶回收廢電池。這樣一改，就成了新的商業模式。

只要質疑現有的習慣與常識，往往就能激發出全新的發想，進而連結成一門生意。你也可以試著重新審視目前的營運架構，思考：如果換掉現在的流程，會發生什麼事？

舉例來說，原本是製造完商品直接販售，或許可以改為定額租賃，也就是常見的訂閱制模式。

像壽司店、中式餐館這類餐廳，原本就有外送服務，但隨著Uber Eats等新型態的外送平臺出現，商業模式也產生了變化——顧客可以自由選擇想吃的店家與料理，再由外送員直接送到家中。

這樣的服務不僅大幅提升便利性，對餐廳業者來說，也是一大助力。除了能擴大銷售的範圍、觸及更多顧客，還能省下聘請外送人員的成本，可說是一種雙贏的新商業模式。

就像這樣，只要改變原有的商業流程，就有機會開創新商機。尤其現在有IT技術和網路，更是發展新商業模式的大好時機。你不妨也換個視角，重新檢視一下自己手上的生意，說不定就能找到全新的突破口。

以目標客戶為前提來思考產品

構思商品時，不妨先問自己：「這樣的東西，有沒有人真的會需要？」

一旦有明確的目標顧客，後續的開發風險就會小很多。

前提是，平時就要與客戶建立穩固的信任關係，要不計得失、能讓人放心託付，客戶才會把重要的事交給你。

比方說，當有人詢問：「有〇〇功能的產品嗎？」或「有沒有類似〇〇的商品？」這時別只是幫對方查資料，也可以考慮由自己引進銷售。

另外，要與大型企業建立新的交易帳戶並不容易，但只要帳戶開下來，接下來就能以此為跳板，向其他廠商展開合作，將商品銷售給該企業。

我就曾取得年營業額達四千億日圓（按：約新臺幣七百二十億元）大企業產品的獨家代理權，再透過既有的客戶管道銷售給其他大企業，並創造出兩億日圓的營收。這筆交易得以成立，正是因為我與對方客戶之間關係密切。

也就是說，因為我是容易被託付的人，才更能掌握企業的需求，挖掘出潛力商品來經營。這一切，都是建立在信任基礎之上。

6 顧客不買的理由，就是市場缺口

來自客戶的抱怨與各種要求，往往是產品開發的靈感來源。

例如，有客戶說：「這個能不能再做得大一點？」、「能不能加上某某功能？」、「希望能用得久一點。」如果有人這麼說，就表示不只他一個人這麼想。別小看這些反應，這些很可能就是下一個熱賣商品的起點。

你也可以研究競品的缺點，再針對不足的地方提出解方，思考自己能否開發出更好的替代品。從使用者的角度來觀察，也是非常關鍵的一步。

此外，收到的客訴與反饋，也應記錄下來並與公司內部共享。你要讓同仁們明白：客戶的抱怨不是壞事，而是發掘商品新可能性的起點，並鼓勵大家主動回報、交流。

雖然處理客訴常讓人十分苦惱，但別忘了，這些聲音的背後，其實藏著使用者真切的期盼與願望。用心傾聽需求，才能讓產品持續進化，啟發下一個好點子。

多打聽：為什麼不買

你曾在推出新商品時，前往銷售現場觀察顧客嗎？

Panasonic創辦人松下幸之助，就曾在新品上市當天，怒斥仍待在辦公室的員工：「你怎麼不去看看，顧客到底買不買單！」

一項新商品能否成功，背後必須投注如此強大的熱情。

在推出新產品時，我也會親自走訪各大販售通路，有時甚至會刻意隱瞞身分購買商品，目的就是為了營造這東西正在熱賣的印象。

親自走訪現場，除了能觀察顧客反應，也可以看到競品的展示方式與陳列海報設計，並從中獲得許多參考。

不只要問販售人員的意見，我認為更應該主動詢問顧客。尤其當客人最後沒有購買，不妨多問一句：「請問您最後為什麼沒買？」這類反饋，往往就是下一個商品創意的線索。不要怕尷尬，只要你對自己的商品有熱情、有感情，就應該更積極了解它是否真正打動人心。

雖然事前做問卷調查、試用回饋也是很不錯的方式，但最直接、最真實的市場反應，其實還是來自現場的第一手觀察與對話。

「好麻煩」、「如果有這種東西就好」，就是市場缺口

在日常生活中，你是否常常會覺得「這樣好不方便」、「如果有這種服務就好了」？但能繼續思考，甚至構思成商品的人，卻少之又少。

如果你很熟悉某個利基領域，例如露營、寵物等，又剛好在該領域發現「這好不方便」、「這方面其實很欠缺服務」，不妨好好想想。這也許就是你打造新市場的好機會。

當你覺得某件事不方便，或需要某種商品或服務時，代表很可能其他人也有同

樣的困擾——而商機就藏在那裡。

即使後來發現市面上早就有類似產品，也不要輕易放棄，而是繼續思考：有沒有更簡單的做法、更便宜的方式？這樣反覆推敲下去，或許就能從中找到利基商品或服務。

只要持續鑽研並養成這種習慣，你會越來越接近成為金蛙。

第 6 章

打造不競爭的護城河

1 你不用是天才，但要有熱情

一提到湯瑪斯・阿爾瓦・愛迪生（Thomas Alva Edison），大家都知道他是舉世聞名的發明天才。不過，與其說是天才，更值得讚賞的是他的努力與執著。在成功發明之前，他曾遭遇無數次的挫折與失敗，但他始終沒有放棄。

例如，他發明的電燈，就經過了無數次試驗和失敗。

此外，他還發明了留聲機、電影放映機等諸多創新產品，但我認為，比起這些發明本身，他永不放棄的精神，更值得我們肯定與學習。

許多知名的創業家也是如此。他們或許擁有優異的能力，但更關鍵的是，他們都是不肯輕言放棄、持續努力的人。

我一直認為，事業成敗的關鍵，在於你投入多少熱情。

懷抱熱情工作的人，不僅雙眼會炯炯有神，整個人還會散發出幹勁。然後，這種氣場會吸引其他人主動靠近，並且願意伸出援手。

雖然有點自賣自誇，但我也常被說「熊谷真的很有活力」，而這股能量，無論是在業務上、開拓新客戶時，都幫了我很大的忙。

其實，投入熱情做一件事，誰都做得到，但要讓這份熱情長久不減，還是有些訣竅：

- 清楚了解自己工作的社會價值。
- 具體訂下計畫並實際完成，透過每一次的小成功累積成就感，再設定更高的目標。
- 建立一套明確的判斷標準，該說「不行」時就果斷拒絕。
- 找到能激起鬥志、重新燃起幹勁的方法。

就我自己來說，我之所以能一直維持熱情，是因為我從不會讓自己失去鬥志。

不過，隨著年紀增長，我的態度也收斂了不少，有時還會被說：「你變圓滑多了！」但我不認為這是好事。相反的，我反而認為，一個人長期保持銳氣、一直散發光芒，才是最有魅力的。

日本近代實業家澀澤榮一曾說：「男人可以圓滑，但不能失去稜角。」一旦開始新的挑戰，對手也會跟著出現。如果沒有鬥志，很容易就會中途放棄。為了持續維持鬥志，我會刻意讓自己進入高強度狀態，例如參加馬拉松，對自己施加壓力。

跑馬拉松就像經營一門事業。你得先設定目標，再排定計畫，然後持續努力。因此，每次報名比賽，我都會先設定完賽時間，然後規畫出一套訓練行程。這過程不只鍛鍊了我的耐力，也能激發出鬥志。對我來說，比起比賽當天，我更享受備戰的過程。

其實，不少優秀的企業經營者，都有跑馬拉松的習慣。除了能維持健康、紓解壓力，還能感受到目標達成的成就感。不喜歡跑步的人，也可以選擇像是登山、騎單車或重訓這類單人運動。不妨挑一項自己喜歡的運動，開始動起來！

用成果讓瞧不起你的人閉嘴

當你想做一些沒人做過的事時，難免會遭人嘲笑。這時別灰心，反而要轉念把屈辱變成鬥志，全力以赴推進新事業，用成果讓瞧不起你的人閉嘴。

等到真正達成目標時，一定會非常有成就感。

若你是從事具有社會貢獻的事業，就更該抱持捨我其誰的使命感，全心投入。自己先振作起來，別人自然會被你感動。

鬥志，會轉化為強大的熱情，也會吸引周圍的人加入。

儘管我們無法立刻變成天才，但只要懷抱熱情，任何人都能啟動新事業。

當你踏上新事業，障礙與阻力總是接踵而至。如果你只是抱著姑且一試的心態，肯定很難度過難關。

但只要燃燒著熱情投入其中，最後你一定能做出成果。

2 找對的人商量

當你提出點子時，總會有人跳出來潑冷水，講一堆負面意見。這種人通常沒什麼創意，說難聽一點，他們的興趣就是否定別人。

在構想的初期階段，千萬別找這種人商量，不然很可能一下子就扼殺掉好不容易冒出的點子。

還有一種人會說「以前沒有人做過」，但你想做的是創新的事，本來就不可能有什麼前例，所以這種人也不適合當你的商量對象。

如果你想聽不同立場的意見，也應該是在點子相對成熟之後，當作參考就好。

最大阻力，往往來自內部

無論哪間公司，總會有愛潑冷水的人；還有過度保守、一概排斥新嘗試與挑戰的人。這類型的人一旦參與討論，不但會讓會議冷場，還會讓整個氣氛變低迷。如果要組成團隊，建議要找支持你構想的人。

或者，如果你是老闆，等構想、雛形大致成形後，再找幾位熟識且信得過的外部人士給意見，通常就會進展得更順利。

持反對意見的人，一點用處都沒有嗎？其實不然。

他們通常對風險比較敏感，在撰寫型錄、說明書、注意事項等方面會特別細心，反倒能替團隊檢查各種潛在問題。

如果你希望他們少潑點冷水，也可以讓他們自己發想點子。等他們親自試過，就會知道這事沒那麼簡單，也更容易換位思考，體會被潑冷水的感受。

這樣的轉變需要時間，但總比一味的爭論來得好。

至於有些人會反對，只是因為不想承擔更多。遇到這種人，可以從日常的小挑戰做起，讓他們經歷一些成功與成就感，再搭配適當的激勵，他們也能慢慢對新事物抱持正向態度。

組織裡什麼樣的人都有，相信大家應該也吃過不少苦頭？**改變一個人需要花很多時間，但我們只能盡量看對方的優點，再慢慢引導他們發揮潛力。**

根據美國蓋洛普公司（Gallup）二〇二四年的調查指出，對工作充滿幹勁的工作者比例中，日本在全球一百二十五個國家裡排名第一百二十四名，僅有五．三一％的受訪者，認為自己對工作充滿熱情。

在美國，如果員工缺乏幹勁，通常會被開除，但日本企業卻普遍能接受。不過，即使是缺乏動力的人，只要熱情被點燃，也會開始改變。

我以前也常為員工不夠積極傷腦筋，但當我嘗試下放權力、讓他們自主判斷與負責時，他們不僅漸漸培養出責任感，也能交出成果。

成就感會帶來工作的意義，也會讓他們大幅成長，變得正向積極。

中小企業人力有限，每個人都很重要，經營者得理解每位員工的個性，找出方法點燃他們的動力。

這方法因人而異，得靠你自己慢慢摸索。

當然，也有人對自己的業績、升遷完全沒興趣。

也正因為「人」是最難掌握的變數，所以當你看到某個員工變得積極、正向時，會有一種說不出的感動與成就感。

集體腦力激盪的重點是？

當然，一個人靜下心來思考也很好，但當許多人聚在一起討論時，往往會激盪出超乎想像的點子。

因此，在集體發想時，創造輕鬆、熱絡、大家能暢所欲言的環境非常重要。例如，準備點心和飲料，讓氣氛更自在。

也可以在桌上放個小型白板，讓大家隨時塗寫，或者放些積木、小公仔等道具，讓發表者在說明點子時搭配使用，也能激發更多靈感。

此外，透過輪流擔任主持人，不僅能讓每個人更理解主持者的心情，也能讓參與者更踴躍討論與發言。

以下是團隊討論點子時的重要原則：

1. 成員要多元，年齡、性別不限

要激盪出各種意見，成員的多元化是關鍵。

2. 不要否定

一旦被否定，大家就不敢自由發言。

3. 任何點子都先接受

這個階段重量不重質。有時看似不成熟的點子，反而藏有重要啟發。即使提出的點子不夠好，也要勇於表達。

4. 進一步延伸他人的點子

加總或混合多個點子，往往能衍生出更有創意的構想。

5. 控制在一小時內

設定時間限制，反而能提高集中力。若事先公布主題，讓大家先行思考，也能更有效率。

6. 記錄題外話

即使內容偏離主題，也可能成為未來靈感的線索，千萬別輕易忽略。

3 自己做不到的事，就交給專家

想實現創意，往往需要許多人的協助。但要爭取到協助，對方得先聽懂你在說什麼，還要認同你的想法。因此，你必須釐清思路，把話講清楚，讓人一聽就懂。

對你而言理所當然的事，對別人卻可能完全陌生，因此絕對不能過於簡略，一定要從頭開始解釋。

如果講不清楚，不妨試著用文字整理成一份企劃書，這樣會比較有條理，也更容易讓人理解。

當內容具體化後，再回頭檢視：想透過商品達成什麼？和其他產品有什麼不同？最大的優點是什麼？為什麼這個特點很重要？

釐清上述問題，你的創意就會更扎實。

然而，**如果沒有說服力，還是很難打動人心**。

因此，我建議可以想一句簡單傳達特色與吸引力的標語，這會讓商品的賣點更明確。

如果產品還未發表，也可以自己動手畫草圖、簡單做個雛型，例如：用紙箱、黏土等素材做出外型。如果比例或尺寸不對，也能馬上修改。

針對無形的服務內容，則可以繪製整體流程圖，幫助對方具體掌握重點。若能同時搭配原本的流程圖，便能清楚呈現新服務的差異與優勢。

此外，流程圖也有助於釐清各階段會出現的問題、所需的資源與人力，是規畫過程中不可或缺的實用工具。

把自己做不到的事，交給專家

再棒的點子，光靠一個人是無法成功的。你必須找到專家或合作廠商，組成一個團隊，才能真正推動商品化。

從零開始、全都由自己來做並不實際，就算做得出來，也會耗費大量時間與精力。因此，與專業人士合作、交由他們執行，才能更快、更有效率。

我也曾和幾位專業人士合作，開發出好幾項新產品。雖然試過很多次、也犯下不少錯，但每一步都是很好的學習機會。**把自己做不到的事交給專業人士，是非常有效的商品開發方式**。

如果能與大型製造商合作，對方往往已具備完善的測試設備，就能省下額外負擔檢驗費用的成本，提高商品開發的效率。

很多人會想：「問大企業這種事，他們應該不會理我吧？」但實際上，大廠本來就想要找新點子。我自己的經驗是，幾乎沒有被拒絕過。

一開始就打退堂鼓，只會讓你裹足不前。不妨主動出擊，嘗試多方聯絡。

但要注意的是，盡量不要只靠E-mail聯絡，而是親自拜訪、面對面討論。因為單靠信件說明，對方很可能會偷走你的創意，擅自開發商品。

事實上，我就曾被偷過點子。

尤其是和新接觸的公司往來時，更要特別小心。

不過，如果是當面談，通常不太會直接抄襲。如有必要，**也可以在取得專利權或簽署保密協議後，再開始商談。**

4 花點預算，認真為產品命名

你是否曾認為，中小企業的產品名稱跟大企業相比，就是土氣？明明商品本身不錯，卻因為名字不夠吸引人，而賣不動，這種情況其實並不少見。

大企業會投入大量資金，設計符合時代潮流與目標客群的商品名。為什麼要花這筆錢？

因為**光是命名，就可能左右商品的銷售成績**，甚至會影響企業的品牌形象。

比方說，冰棒嘎哩嘎哩君（Gari Gari Kun）、零食美味棒[1]，這些都是好的命名，因為很朗朗上口。**對中小企業來說，更應該花點預算，認真為產品命名**。

舉例來說，我經營塗料公司時，曾大膽整合以前的產品名，重新統一命名為「RUSTAFF」系列（見左頁圖G）。

「RUSTAFF」是造詞，由「RUST」（鏽）與「STAFF」（專員）兩個字結合而成，涵義是：「對付鏽蝕問題的防鏽專員。」這是我希望客戶在看到產品時，能立刻聯想到的印象。

我還重新設計品牌識別的標誌（logo），將整個系列統一風格，同時依照產品種類編號。例如，金屬補修材料歸為一〇〇〇系列，特殊塗料歸為二〇〇〇系列，並以「RUSTAFF 一一〇一」、「RUSTAFF 二一〇一」命名。不從一開始，而是從一千開始命

▲圖G　RUSTAFF的標誌設計。「RUST」的字體使用鐵鏽色，並將S的筆畫延伸成刷子的造型。

1 由 Yaokin 公司製造，誕生於一九七九年的日本國民零食。

名。品牌設計全面刷新之後，我成功綁定了公司與RUSTAFF的品牌形象，甚至讓人一提到防鏽塗料，就會想到我們的產品。

公司形象與產品標誌設計，建議外包給具備美感與經驗的設計公司。如果你能擁有值得信賴的設計夥伴，就能將企業網站、型錄、DM（Direct Mail）等所有素材，進一步打造出企業品牌形象。

商標註冊能為產品增添價值

在替商品命名時，務必事先確認名稱是否仍可申請商標註冊（也就是尚未被他人註冊）。

簡單來說，商標註冊是一種法律保護措施，能防止商品名稱與標誌被抄襲。像是「RUSTAFF®」，在商品上標註®（註冊商標符號），除了具備保護效果，也能提升商品的專業感與整體價值。

申請商標其實不難。在日本，只須上特許廳網站下載申請表並填寫，約兩萬日圓即可辦理。光是擁有商標，就能讓客戶產生正面印象，認為「這是一家有制度的公司」，不僅有助於提升商品形象，也能增加企業知名度（按：在臺灣，可以上「智慧財產局商標主題網」查詢。請參考第一八八頁）。

當你打造出一項利基商品，請務必在命名上投注心力與情感，這往往會成為商品爆紅的起點。

順帶一提，我已為「水井金蛙」申請商標註冊。真希望有一天這本書熱賣，讓「水井金蛙」也成為有價值的品牌。

希望你也能享受命名的樂趣，發揮創意，盡情構思產品名稱。當越來越多顧客選用你的商品時，那份成就感與喜悅，將會是創業旅程中最真實的回報。

5 藉由專利防止競爭者進場

和值得信賴的專利師合作，也是方法之一。

當你想到特別不錯的點子時，建議在進入具體製作階段之前，先和專利師商量評估是否有機會申請專利。**因為如果從一開始就取得專利，規畫商品設計，多半能藉由專利防止競爭對手進場**。

很多人會等到商品完成後才申請專利，但常常會因為不符合資格而被駁回，不是得大改一番，就是要從頭重新構思。與其事後補救，不如一開始就與專利師密切合作，這才是上策。

我曾申請並取得超過十件專利。每當我在開發初期與專利師討論時，對方都會根據我的構想提供建議，例如：該怎麼修改，才能申請成功。

申請專利不僅有助於宣傳行銷，也能在市場上形成壁壘，防止競爭者模仿。

不過要注意，申請程序極為複雜，建議還是交給專利師代辦比較安心。

一般來說，委託專利師撰寫申請文件的費用，約在三十萬日圓到六十萬日圓之間（按：約新臺幣五萬四千元到十萬八千元），申請費用約一萬四千日圓（按：約新臺幣兩千五百二十元），以及審查請費約十三萬八千日圓（按：約新臺幣兩萬四千多元），費用會根據申請件數不同而有所變化[2]。

◎申請商業模式專利

如果你是開發透過網路的服務型業務，也可以考慮申請商業模式專利。

例如，亞馬遜的一鍵購買按鈕（Dash Button，在網站購物時無須每次輸入地

---

2 臺灣專利申請費用包含申請規費、審查費以及年費。申請規費依照專利類型（發明、新型、設計）而有所不同，前者為三千五百元、後兩者為三千元。審查費則主要針對發明專利，為七千元。年費則需要按年繳納，並隨著年限增加而遞增。

址與付款方式，只要按一下就能完成訂單）、蔦屋書店（TSUTAYA）的送貨上門租賃服務（透過宅配公司歸還租賃商品的服務，僅限日本地區）。

這些都是獲得認可的商業模式專利。

我也創立了一項商業模式專利，叫做「契約支援裝置、契約支援方法及其程式」，這套系統可以在日本直接買到海外的進口商品。

此外，也可以考慮加入發明協會，不僅能與其他發明家交流，還有機會獲得協會的表揚。我也曾透過此協會，獲頒日本文部科學大臣獎。

◎認識其他類型的智慧財產權（以下內容適用日本專利制度）

•實用新型專利：申請門檻較低，主要用來保護產品的形狀、構造或組合等。雖然不須經過實體審查，但若要實際主張權利，仍須提出實用新案技術評價書。專利期限自申請日起，為期十年。

•設計專利：保護產品外觀的設計，包含形狀、花紋、配色等。一經認定登錄，專利期限為二十五年。只要取得設計專利，就能對仿冒品的製造或販售，提出禁止行為與損害賠償請求。

- **商標權**：用來保護商品名稱、品牌標誌、公司名稱等，防止他人冒用混淆。自註冊日起，為期十年，之後可無限次延展，因此可望永久維持權利。商標可包含文字、圖形、符號、立體造型等。一旦發現他人擅自使用相同或近似的標誌，即可依法請求停止使用與主張損害賠償。
- **著作權**：保護文學、音樂、美術、攝影、電影、軟體等各種創作成果。創作一經完成，即立即享有著作權。著作權人有權禁止他人未經授權使用其產品，並可依法主張損害賠償或提出禁制令等法律救濟。

補充一點，有時也可以刻意「不申請專利」，這是出於策略考量。例如，與大型企業發生專利糾紛時，對方往往擁有專業的法務與專利團隊，熟悉各種法律漏洞，反擊手段也更多，最後吃虧的往往是中小企業。

另外，為了避免在申請專利時被迫公開技術內容，導致商業機密外洩，有些企業會選擇保密，而不申請專利。

表6-1　（編按）臺灣版專利相關資訊

智慧財產權類型	臺灣相關說明
發明專利	● 申請後 3 年內，須自行請求實體審查。 ● 專利期限為 20 年。
新型專利	● 保護新型產品的形狀、構造或組合。 ● 申請程序較簡便，不須實體審查。 ● 欲主張專利權時，須提出技術評價報告。 ● 專利期限為申請日起 10 年。
設計專利	● 保護產品外觀的設計（形狀、圖案、色彩結合等）。 ● 申請後須經實體審查，通過後公告。 ● 自申請日起，專利期限 15 年。 ● 可依法請求停止侵權及賠償。
商標權	● 保護商品或服務的標誌，包括文字、圖形、字母、數字、立體造型等。 ● 註冊有效期限 10 年，可無限續展，但須於到期前 6 個月內申請。 ● 享有專用權，可防止他人冒用、混淆。 ● 可依法請求停止侵權及賠償。
著作權	● 無須登記，作品完成即享有權利。 ● 保護對象包括文學、音樂、美術、攝影、軟體等各類創作。 ● 保護期限為作者生前及死後 50 年；法人著作則為公開發表後 50 年。 ● 著作人享有重製、改作、公開發表等權利。

6 將原料配方黑箱化

就算開發出全新的點子或利基的獨家商品，如果有其他公司馬上仿製，就無法成為長期獲利的事業。因此，在商品開發的階段，必須設法讓別人無法輕易模仿。

其中一個方法是，**將原料配方黑箱化**。

依照商品類型不同，儘管有時可能會因為不公開原料成分而觸法；但不公開配方比例，依然能防止競爭對手解析與抄襲。

另一個方法是，**與供應商簽訂獨家合約，禁止對方與其他公司交易同類商品**。

此外，如果是海外商品，一定要簽訂總代理合約或獨家銷售權合約。有些國外廠商一開始只和你的公司交易，但後來卻與更有利的公司簽約，這樣一來，過去累積的銷售努力就有可能歸零，必須格外留意。

不過，即使簽了約，仍有企業因對方是中小企業而不願履約。

舉例來說，有家公司明明與我簽了日本總代理合約，卻又把商品賣給其他日本企業。我當然立刻抗議，並要求他們中止交易。

最重要的，還是和供應商的高層建立信賴關係。

萬一對方違約，雖然打官司或許能贏，但只要上了法庭，雙方的信賴關係就宣告破裂，後續也很難再合作。與其提告，倒不如果斷斷絕往來。畢竟打官司只是徒增時間與浪費金錢。

與海外廠商合作的訣竅

為了避免與海外製造商產生爭議，我也建議每年定期前往當地一至兩次，與對方的高層打交道，建立交情。

我與韓國某家製造商合作多年，起初也曾遇過違約問題。但因為我持續努力經營關係、建立信任，如今對方老闆已是我的好兄弟。

其實，這類情況不僅限於海外製造商，與國內的合作對象也可能發生類似問題，因此預先做好風險控管至關重要。

此外，也要隨時掌握對方的經營狀況，靈活應對談判。如果發現對方經營不善，或許就能掌握主導權，採取更強勢的策略。

在與海外製造商洽談時，口譯者也是關鍵之一，必須選擇對雙方都公平的口譯人員來協助溝通。如果發現口譯者偏袒某一方，建議由雙方各自帶一名口譯，以確保談判的公平。

7 最強開發組合：年輕人和老將

如果要在公司內部開展新事業，建議設立與現有事業分開的專責團隊，可以將組織劃分為以下三個部門：

①維持既有業務。
②負責將十做到一百。
③負責從零開始，從零做到十。

其中，①與②是既有事業的營收主力；而③則是負責產出新點子，推動商品化的部門。由於每個人擅長與不擅長的領域不同，因此根據能力編組團隊，往往是達成目標的捷徑。

在③這個團隊，又可以細分為以下三個小組。

第一組：點子發想組

從公司內部挑選擅長發想點子的人（可參考第二章，了解哪種人適合發想）。若能找到即使創意沒被採用也不會氣餒的人，那就更理想。而接受點子的一方，也必須能多元包容。

第二組：試作組

從中挑選具備試作技術的成員，並讓他們與第一組攜手合作。遇到技術難題時，有點子組的人在場，就能以不同的角度突破瓶頸。

第三組：實行與銷售組

當商品完成後，應聽取具備銷售經驗者的意見，擬定行銷策略，並由銷售組開拓市場。定價最好與銷售人員充分討論，訂出有利的價格。

將人力安排在最合適的崗位，讓他們專注發揮所長。若勉強讓不擅長的人做不熟悉的事，只會造成雙方壓力，難以創造好成果。

如果是一人創業，可以先專注在點子發想上，第二組與第三組則交由外包處理。當然，也可以選擇自己一手包辦。

我在事業起步階段就是全程親自處理。如此一來，不僅可以了解商品的開發過程，因為投入的情感更深，到了第三組的銷售階段時，也能獲得不錯的成果。

當大致確立銷售管道之後，也可以把商品轉交給①或②的銷售部門。

此外，第一組也應隨時準備好新點子，持續推出利基商品，並建立穩定的創新體系。

年輕人對時代變化特別敏銳，思維也較為靈活，是產出大量新點子不可或缺的存在。但他們可能還不夠熟悉既有商業習慣或產業常識。

這時，如果能與經驗豐富、知識扎實的前輩合作，將能有效降低失敗風險，順利推進事業。

年輕人與老將，最強組合

特別是在網路相關事業領域，有許多成功案例都是採用這種合作方式。例如，日本首家實現保險費線上繳費的Lifenet生命保險，創立於二〇〇六年，其創辦人便是當時年僅三十歲的岩瀨大輔，與五十八歲的出口治明。

岩瀨認為，只要目標是年輕族群，就能透過網路銷售保險。與此同時，出口則來自日本生命保險相互公司，極為熟悉《保險業法》等法規。

我個人認為，正是因為兩人之間的年齡差距與知識、經驗的互補，才能讓創新的構想兼具可行性。

我三十多歲時，也曾邀請比我年長二十歲以上、長年深耕業界的資深人士加入公司，一起展開新事業。他曾任職於商社與製造業，極力建議我將公司打造得更像製造商或貿易商。

現在回想起來，多虧他的經驗，讓我更確定事業方向，也因此省去很多摸索的時間，並且更快達成目標。

這位前輩後來也長期擔任我的公司顧問，不只在工作上，連生活方面，我也從他身上學到很多，是我人生中非常珍貴的經歷。

經營者常常很孤獨，但如果身邊有經驗豐富、值得信賴的長者陪伴，不但能獲得實質的意見支援，心理層面也會更穩定、有安全感。

雖然在日本，大企業共同創業的情況比較少見，但像美國的蘋果、微軟（Microsoft）、臉書等企業，當初就是由年輕創業者與年紀相差甚多的夥伴一起創業並獲得成功。

8 找出大企業不會插手的小市場

如前所述，只要商品或服務夠優秀，就很容易被其他公司仿效。所以在開發新產品或新服務時，務必要設法拉高門檻，讓競爭對手無法輕易模仿。

若商品很快就被模仿，就無法長期帶來利潤。首先，請你先假設幾家可能的競爭對手。接著，試著思考：

這些競爭對手是否會對新產品感興趣？

能否用更便宜的成本生產？

如果你預判對手的生產成本會更便宜，這項商品打從一開始就不該做。這一點，在服務業也完全一樣。

對中小企業來說，設下進入障礙的唯一方式，就是在小市場中打造差異化。因為大型公司不會主動進入小市場。也正因為如此，你才有機會獨占整個市場，一枝獨秀。

比方說，以高級化妝刷熊野筆聞名的白鳳堂，便鎖定尚未有大型企業進入的彩妝筆市場，如今全球市占率已超過七〇％，深受行家喜愛。

又如高知縣的日高和紙有限公司（Hidakawashi），所製造的〇．〇二毫米和紙，是目前全球最薄的和紙，被應用於羅浮宮畫作修復與重要文獻資料的保存工作。至於AlphaTheta，則是全球ＤＪ（Disc Jockey）播放設備市場的領導品牌，全球市占率高達七〇％。

此外，過去是小型運動用品店的TAMASU，如今也成為專業桌球用品綜合製造商TAMASU Butterfly，全球市占率高達五〇％。

由此可看出，**唯有在大企業不會插手的小市場、拿下壓倒性的市占率，才能有效建立難以進入的高門檻**。

思考：能提供什麼樣的價值給顧客？

在思考如何打造差異化時，最直觀的切入點，就是「你能為顧客帶來什麼樣的價值」。舉例來說，可以從以下幾個觀點來思考：

- 獨特的功能。
- ○○限定（特定地區、期間、客群等）。
- 產品的社會性（環境永續、社會責任等）。
- 原料的差異。
- 品牌力。
- 售後服務的完善程度。
- 稀有性（手工製作、少量生產、客製化等）。
- 與顧客的距離、互動。
- 新穎性。

● 刻意選擇沒落產業。

從一開始就必須以差異化策略來規畫利基事業，才是日後穩定獲利的關鍵。

對於國外的產品資料不能照單全收

我曾代理販售過許多海外製品，但不會一開始就盲目相信對方提供的測試數據。因為海外的測試方法與數據基準，和日本國內的標準不盡相同。萬一數據不符合日本的基準，會直接影響公司的信譽。

我之所以會對海外測試數據抱持觀望，是因為第一次引進海外商品時，基於保險起見在日本做了測試，結果發現和對方提供的數據完全不一樣。自此之後，我就一律先在日本試驗。

我始終堅持按照日本工業標準（Japanese Industrial Standards，簡稱ＪＩＳ）的規格測試，必要時也會對比其他產業標準，藉此提升商品的公信力。

雖然根據產品類型，有些商品未必需要測試，但若有數據，就能作為交貨驗收的基準，篩選出不良品。

說實話，世界上沒有哪個國家的顧客，比日本人還講求品質。有時我收到的商品，狀況之糟令人難以置信，甚至超出想像。這也是為什麼，我至今仍堅持在日本國內測試。

我曾委託海外代工塗料產品，某次收到的油漆罐外觀非常骯髒，我指出這點時，對方竟理直氣壯的說：「我們賣的是塗料，罐子髒不髒沒差吧？」

以日本人的觀念而言，這絕對無法接受。

我耐心向他說明：「在日本，連油漆罐的外觀，也被視為產品的一部分。」就這樣一點一滴，逐漸累積與海外廠商打交道的經驗。

跟海外廠商做生意，難免會出現各種問題，但只要累積失敗經驗，慢慢就能預測風險並事先因應。

有些人因為遇到太多問題，就中止與海外廠商的往來。但其實，只要理解國情不同並好好溝通，很多問題都能理解與克服。

而且，在與海外廠商的交流過程中，我也逐漸意識到：日本人過於拘泥細節，有時反而偏離國際標準，對方的做法其實更符合全球通用的邏輯。

與來自不同文化背景的人一起工作，不僅能讓你重新檢視自己的價值觀，往往也能激發出全新的想法與靈感。

9 像井一樣小而深的細分市場

在製造產品之前，若能充分思考需求（Needs）、種子（Seeds）、可行性、收益性，就能創造出不失敗的利基商品，並成為住在小井裡的金蛙。

需求指的是必要性、需要、要求。在行銷領域，則是指消費者所期望的事物、生活中的困擾。

例如：天冷時想要暖氣設備、想邊跑步邊聽音樂、隨時都想喝到熱飲等，都屬於需求。但對於熱帶地區的人來說，就不太需要暖氣設備或熱飲。也就是說，需求會因目標對象而異。要打造熱賣商品，必須正確判斷目標對象。

如果你有可商品化的點子，不妨先詢問顧客的意見。

例如：「我想做這樣的商品，你覺得怎麼樣？」這就是最初步的行銷。

接著談談種子。企業所擁有的獨特技術與企劃能力，就是種子，這些會成為新商品、新服務或新事業的起點。

需求與種子的最大差別，在於視角不同。**以消費者角度思考的是「需求」，從企業的角度出發的是「種子」**。

在開發利基商品或服務時，必須思考自家的種子能做出什麼、是否存在需求。

需求大的商品，市場規模自然也大，但競爭也激烈。中小企業若進入這樣的市場，將面臨苦戰。

相對的，需求較小的商品雖然市場規模不大，但其中往往隱藏著許多可能性。**目標應該是像「井」一樣小而深的細分市場**。也正因為市場規模小，大企業往往不想插手，只要存在一定的需求，就有機會獨占市場。

這類利基商品，要以聚焦需求、客群、地區的思維來構思。

如果一開始就想追求龐大需求，既無法創造出利基商品，也無法成為金蛙。

評估可行性與獲利性

商品點子的可行性，是指能否實際製作成產品。就算構想再好，無法完成商品，就不可能銷售。

雖然會花些時間，但仍建議多與他人討論、尋求意見。不過，記得要慎選值得信賴的對象，以免資訊外洩。

即使是暫時無法實現的創意，也不要輕易放棄。先把它記在腦中，有時只要一個契機，就能讓想法與現實連結起來。

至於獲利性，這是企業最關鍵的判斷標準。再好的點子，如果毛利太低、不具備利潤，中小企業最好不要貿然投入開發與上市。

我一再強調，中小企業必須聚焦於高利潤的利基商品或服務，才能成為唯一的金蛙。

若獲利性不足，應優先思考如何提高利潤、重整商品設計。例如：更換原物料、調整生產地點，或考慮在海外製造以降低成本。

只要能做出高獲利商品，代理商（批發商）與通路商也會更願意配合，甚至只需少量人力就能有效推動銷售。

價格隨時都可以下調，因此在上市初期，預留彈性、設定略高的售價，是很重要的策略。

10 原料成本，決定獲利模式

判斷是否要販售某項商品，關鍵就在於：原料成本。

只要確定成本，接著就能決定批發價與零售價，並思考：價格是否符合商品本身的價值？顧客能否接受？

如果市面上已有類似商品，請務必比較其他公司的價格，再做出最後的判斷。

再好的商品，如果價格無法讓顧客接受，就沒辦法販售。

如果定價太高，無法吸引人購買，就要考慮是不是該放棄。不過，也可以先少量試做一批看看市場反應。然而，在這種情況下，得先做好虧損的心理準備。

最低製造數量[3]依各家製造商而異。不過，其實還是有不少廠商願意承接少量製造的訂單，不妨多方尋找與協商，不要輕易放棄。

先決定原料成本

當試作品不如預期時，就必須果斷喊停。若與原先構想相去甚遠，卻仍因不甘心而勉強商品化，反而可能造成更大的風險。

在構想轉為實體之前，的確需要熱情推動，但到了最後階段，則應冷靜評估市場需求、成長潛力、可行性與獲利能力，才能判斷是否適合商品化。

經商失敗是常有的事，但在決定製造某項產品之前，應先確認：若失敗會造成多大的損失。只要掌握好這條界線，就不會對經營產生致命影響。

最糟糕的情況，就是明明知道與最初的構想不同，或價格根本不合適，卻還是硬著頭皮繼續做。

事實上，我也曾經歷過沒好好考慮顧客需求、種子、可行性與獲利性而失敗，例如：

- 在海外發現一款自己感興趣的商品，與該製造商的老闆共進晚餐後相談甚歡。即使價格不合理，卻還是勉強販售，結果以失敗退場。

- 因為花了預算參加海外展覽會，心想總得有些收穫，所以當場決定代理產品，但銷售結果並不理想。
- 只因日本尚未引進，便決定銷售該產品，結果完全賣不出去。
- 單憑價格便宜就進口販售中國製品，結果以失敗收場。
- 自認想到很好的點子，卻被周圍否定，因意氣用事硬是做成商品，結果完全賣不動。

我認為這些案例，都是因為失去冷靜判斷，才會導致硬闖而失敗。

3 為了確保供應商的利潤，供應商會設定最低訂購要求，代表一次性購買的最低數量（Minimum Order Quantity，簡稱 MOQ）。

想像自己使用商品的畫面

請試著在各種情境下，想像自己正在使用商品的畫面，包括尺寸、手感、使用感受等，都盡量具體想像。

「這裡會不會不好用？」、「能不能加上新功能？」即使還沒做出樣品，只靠想像，也能看見不少問題與改進空間。

反覆透過具體的想像，可以讓點子更完善，最終打造出對顧客而言既具吸引力、滿意度又高的商品。

在設計商品的外觀、顏色、包裝和說明書時，如果能搭配具體的使用情境，就更容易凸顯產品特色與賣點，也能更精準鎖定目標客群。

到了商品的最後階段，一定要製作試作品，實際用手觸摸、親自試用，確認實際的觸感，以及拿在手上時的感受。完成新商品後，我也一定會親自試用。這樣一來，不只能讓銷售更具說服力，也能回饋意見給產品開發，進一步提升完成度。甚至也可以讓員工或熟人實際使用，聽取他們的感想。

雖然沒有人喜歡被否定，但當中往往藏有讓商品變得更好的寶貴提示，請務必虛心聆聽。

讓客戶等候反而更好

利基商品很難預測銷售情況，因此建議從最小批量開始製造。

我曾從事太陽能蓄電機相關研發，當時正好碰上三一一東日本大地震，對於緊急電源的需求瞬間暴增。商品銷售一空，庫存立刻見底，甚至讓顧客等超過兩個月，才能出貨。

即使如此，幾乎沒有客人取消訂單，新顧客一聽說要等兩個月，反而直接決定下單。

於是，我急忙向廠商追加訂單。不過，幾個月後，特殊需求退去，積了一堆庫存。最後，雖然沒有賠錢，但扣除處理滯銷品的成本後，也幾乎打平。

商品熱賣固然可喜，但越是在順風順水時，越需要冷靜預判未來。

遇上熱潮時，就算要讓顧客等一下，商品還是賣得動。反而因為缺貨，更能提升商品的價值，因此不需要追加訂單。

熱潮終究會退去。雖然很難準確掌握什麼時候是最高峰，但從一開始，就應冷靜思考：當熱潮過後，該怎麼應對？

反過來說，如果商品一上市就反應平平，也應果斷在銷售完最小批量後即時收手。勉強撐下去，只會讓虧損不斷擴大。

推出利基商品，本來就有命中與落空的風險。不過，不先上市，就永遠不會有爆紅的機會。即使結果不如預期、帶來損失，但一旦成功，其回報往往遠高於風險，因此仍值得一試。

即使最後退出市場，這段經驗也不會白費，反而成為下一次挑戰的重要養分。商品的成敗只是過程中的一部分，唯有保持冷靜、理性的心態，才能走得更長遠。

第 7 章

用小蝦釣大魚，拿下市占率

1 交易名單就是最好的宣傳

當利基商品開發完成後，接下來就是推廣銷售。

在這個階段，要特別特注意：不要從容易接觸的對象開始，先把目標放在**與大型企業交易**。

與其在折扣店販售，不如一開始就選擇百貨公司。若只鎖定小規模市場，生意後續也很難做大。用小蝦釣大魚，才是成為金蛙的捷徑。

你可能會想：「像我們這種小公司，大企業才不會理我們。」但事實並非如此。只要主動接觸，大企業往往都願意洽談。

一旦能和大企業建立交易關係，你的公司也會因此提升信用與地位，日後推展業務也會更順利。

與大企業洽談時，最好先以電話預約拜訪。不過，近年來不少企業已不再公開電話號碼，得改用網站上的聯絡表單或電子郵件聯繫。

在這種情況下，**請避免一開始就將所有資訊說清楚，反而應適度保留部分細節，讓對方產生興趣**。例如：「您好，我們目前開發出一款可能符合貴公司需求的劃時代商品，想請問是否方便轉介給相關負責窗口？」

若對方幫你轉接到相關窗口，就能以當面說明更清楚為由，來爭取拜訪。即使被拒絕，也建議直接造訪對方公司，至少親自見上一面。

跟大企業談合作，至少得花三年

在開始拜訪之前，請先牢記：開發新客戶絕非輕而易舉。如果很容易就能簽約成交，大概也不需要業務了。

尤其如果你還年輕，對方一開始可能不會把你放在眼裡。但只要提前做好心理準備，就不容易受挫。反過來說，年輕人因為沒什麼戒心，有時反而更容易和對方閒聊幾句，甚至聽到一些內心話。

我二十幾歲時，曾為了與某家公司建立合作關係，即使沒有任何進展，也持續每週造訪一次，就這樣持續了一整年。因為根本沒什麼事好談，常常只是閒聊幾句就離開。有時對方甚至會說：「我們公司沒有什麼可以給你做啦。」但我始終相信商品總有一天會被採用。

有一次，對方某個設備故障，當時的課長（按：相當於臺灣公司的組長）提議說：「那個一直來拜訪的小夥子，找他試試看吧。」我因此得到了第一份委託。如果沒有那次機會，也許就沒有現在的我。

我深信，那段沒什麼生意可做的日子，正是塑造我成為優秀業務員的關鍵時期。自那之後，我始終與該家公司保持合作，直到公司正式轉手。

做業務就是比耐力、比誰先撐不住。只要我們不放棄，對方也會看見你的毅力。一旦讓對方這麼想，事情就差臨門一腳。

然而，有時對方公司的負責人本身就不積極，或對新事物興趣缺缺。遇到這樣的人，即使再努力推銷，也很難有所突破。

在這類型的公司，新的提案或企劃案常常會被各個部門來回踢皮球，有些是能拖就拖，有些是乾脆推給別的部門。

這是保守型大企業慣用的手法。

這時不如換個心態，想成「又來這招」，你會比較有耐心面對。

我曾為了與某家大企業建立直接交易往來，持續拜訪了五年，最後才成功開設帳戶（按：指供應商帳戶）並展開合作。當然，一切還是看公司性質而定，但若是保守型的大企業，基本都得至少花上三年。

在這三年裡，賺不到一毛錢，也曾一度快撐不下去。但我心裡一直告訴自己：「只要放棄就輸了，這是跟客戶之間的耐力戰。」

我始終秉持著這樣的信念持續拜訪。

有些人會覺得跑業務很痛苦，多半是因為還沒看到成交後顧客展露喜悅的樣子。與其一直卡在某個窗口，不如試著換個部門、找別的主題談。只要撐到最後，路自然會為你打開。

在維持其他客戶獲利的前提下，只要你能擬定業務推進計畫，其實整體負擔不會太重。不要害怕花時間，多撐一下。就算花了三年才談下來，**能與大企業建立直接交易關係，就是非常值得的成果**。

一家年營業額只有一億日圓左右的地方中小企業，竟然能與營收超過五千億日圓（按：約新臺幣九百億元）的大企業直接往來，這已是夢一般的成就。這才是真正成為金蛙的瞬間。

交易企業名單就是最好的宣傳

一旦成功與大企業建立交易關係，就要積極宣傳。一般人對品牌向來沒有抵抗力，就算是規模不大的公司，只要你與大企業有往來，就更容易取得消費者的信賴。實際上，我也是從與某家大企業開始合作後，陸續與以下這些大企業建立交易關係。

例如：IHI（前身為石川島播磨重工業）、信息技術公司SCSK、恩益禧（NEC）、大阪瓦斯、關西電力、九州電力、設施建設公司Kinden、大型電信公司ＫＤＤＩ、Cosmo石油（Cosmo Energy Holdings）、山洋電氣、ＪＲ西日本、ＪＲ東日本、Sky PerfecTV、保全公司SECOM、軟銀（SoftBank）。

此外，還有中國電力、千代田化工建設、東京瓦斯、東京電力、東邦瓦斯、東急Hands、日立造船（Hitachi Zosen）、富士通、北陸銀行、北陸電力、三菱電機（Mitsubishi Electric）、明電舍、地產開發公司森大廈、日本奇摩（LINE Yahoo Corporation）、橫濱銀行（依日文五十音順序排列）。

自家的交易企業名單就是一種資產，請務必主動刊登在公司簡介或網站上。

只要簡單提一句「我們的商品也被〇〇公司採用」，往往就能讓對方降低戒心，更願意採用商品或服務。實際上，也有不少案例僅憑與大企業的合作，就能順利成交，無須多做說明。

若是名單裡有大企業的同業，也會增加說服力。不過，也得留意，對於某些競爭意識特別強的公司來說，有時反而會因此特別警戒、不願意與對手採用相同的供應商，因此會給你軟釘子。

如果要在公司簡介等資料上列出交易實績，建議依照筆畫順序排列，打造出公平公正的印象。當交易實績增加時，也請記得適時更新名單。實績越豐富，就越能贏得信賴。

尤其是新商品或服務，本來就比較不容易被接受，因此與大企業的合作紀錄，就能發揮強大的說服力。

2 千萬別當下游廠商

剛創業時，許多人常有這樣的心態：「只要有案子就好。」結果輕易接下下游的代工案。但我建議你，冷靜想一想——有沒有可能直接與原廠交易？如果你想成為金蛙，這條路其實是走得通的。

一旦甘於只當下游，就很難再往上爬。最糟的情況是，你一路被轉包，變成代工的代工。要想成為金蛙，就必須儘早跳出這個圈子。

在推廣產品時，請依照以下順序來制定策略：

- 第一步：優先爭取直接與大企業交易。
- 第二步：若無法直接對接，可尋找曾與大企業合作的貿易商洽談。

• 第三步：萬不得已，才考慮與大企業的下游公司合作。

大企業通常不喜歡開發新供應商，所以可能會將你轉介給子公司或下游廠商。但即使如此，也還是可以洽詢能否直接合作。

萬一只能透過子公司或下游合作，**也請記得明確表達下次希望能直接交易**。對於想成為金蛙來說，這點非常關鍵。

因為一旦開了子公司，未來就很難再轉型。透過下游接到的案子，毛利也會被層層吃掉，就算寫在公司簡介或放上官網，對品牌形象也沒有幫助。因此，我建議你要有耐心，慢慢談。

如果你手上握有真正具有利基價值的商品或服務，大企業其實也會主動找你合作。我一開始也是先透過子公司接案，後來經過協商，才成功和母公司建立直接交易的管道。

即使你目前只能透過下游公司合作，也千萬不要中斷拜訪與提案，繼續針對母公司推廣。

讓大企業記住你的方法

想想看，如果今天有個一臉陰鬱、穿著寒酸的人來拜訪，你會想見他嗎？

大企業的窗口要應付很多業務，當然會更想接觸帶給人好心情、有活力、甚至能聊點工作以外話題的人。

既然如此，我們就該努力成為一個人見人愛、容易打開話匣子的業務員。

對方多半早就知道你是哪家公司、銷售什麼產品。與其每次都重複介紹相同的內容，不如主動聊聊讓對方感到愉快的話題，或分享一些他們可能感興趣的資訊。

重點不是遞出名片，而是讓對方記住你的存在。

資訊交流應該是雙向的，不該只是單方面從客戶那裡「打聽消息」。身為業務人員，也必須持續學習，平常就準備好各類實用資訊。

此外，對於客戶公司的基本背景、工廠設備、技術等，也應該有一定程度的了解。否則，不僅讓對方覺得你不夠專業，連提案都可能得不到重視。

我自己也是，從年輕時起就不斷蒐集資訊、努力學習，以便能與大企業年長的主管平起平坐對談。我只有高中文憑，相較於大學畢業生，我用功念書的時間的確較短，不過出了社會以後，只要還願意花時間學習，我認為還是有機會逆轉勝。

即使是中小企業，也應該具備對環境議題、國際標準化組織（International Organization for Standardization，簡稱ISO）、永續發展目標等基本認知。若有機會取得國際認證，應積極申請。

國際標準化組織是一套針對產品、服務與管理系統所制定的國際標準，目的是確保全球產品與服務品質一致。雖然申請與維持認證需負擔一定成本，但能有效提升企業的專業形象與信賴感，能否取得認證，往往是致勝關鍵。

我曾取得ISO一九〇〇一認證（按：國際公認的管理系統稽核標準）。雖然後來因為續約作業繁瑣而中止，但也從中學到了不少管理精髓，並將其內化為公司日常營運的標準流程。

重要的是，既然花了時間與成本取得認證，就應主動公開、善加運用。可將標章印在名片、產品包裝或簡報資料上，也能透過企業電子報、定期通訊等方式對外公告，建立品牌專業形象。

成為金蛙的關鍵是：讓人看見你。

除了自有管道，我也善用媒體資源。多數商工會議所設有媒體窗口，只要寄出新聞稿，就有很高機率被報紙刊登，還能省下廣告費。若有記者主動來訪，記得主動交換名片，下次有新聞素材就能直接提供給熟識的記者，提升曝光效率，甚至爭取獨家報導。

如果產品具有特色或創新性，也有機會吸引電視臺主動採訪。我過去的商品就曾登上NHK、TBS、朝日電視臺，全部都是免費報導，甚至還在電影中亮相，品牌名稱直接登上片尾字幕。

此外，也可考慮投放在專業領域的雜誌。相較於大眾媒體，專業雜誌的廣告費用相對較低，且其讀者群更貼近目標客群，往往能帶來更精準的行銷效果。

如果你是採用再生資源或回收材料來製作商品，請務必在產品包裝上標示清楚。這不只是對環境的重視，更能讓品牌價值加分，能夠有效提升消費者對你的信賴感。

若你是從事公平貿易，或是捐出營收的一部分作為公益用途，也可以**透過包裝**

與網站，清楚呈現這些社會貢獻活動，成為一種品牌宣傳。

這類企業社會責任行動，在大企業中已是常態。你可能會想大企業才有餘裕，但正因為是中小企業還願意主動投入，其實反而更能吸引目光。你可以把這樣的做法，視為一種取代傳統廣告支出的投資。

在展開二手電池回收事業時，我曾思考如何貢獻社會。

於是，當時，我除了將收益的一％捐贈給「猴麵包樹（Baobab Tree）認養基金」（由馬達加斯加〔Madagascar〕當地推廣種植瀕危猴麵包樹的團體所設立的基金），在文宣與網站上加以宣傳，還把廢棄電池中的塑膠製成原子筆，做成贈品。

此外，我們也積極導入油電車與太陽能發電等設備，努力營造出重視環保的企業形象。

上述種種努力，讓我們在與大企業談合作時，也更容易受到青睞。

不只是單純販售產品、提供服務，而是結合社會貢獻，不僅能提升員工的使命感，也會增加願意與你合作的夥伴，這樣的正向反饋會讓經營變得更有趣。

現在的年輕人高度關注企業社會責任，因此這類活動在徵才方面，也會產生正面影響。即使資源有限，若企業能選擇投入環保與社會貢獻，往往能創造超越短期收益的長遠價值。

3 西裝和隨身物品，都是生意投資

你是否有過這樣的經驗？原本沒打算買東西，但遇到印象良好的店員，被親切接待後，不小心就多買了幾樣？

顧客買的往往不只是商品，更是推薦商品的業務或店員給人的印象與人品。

因此，業務員在儀容與隨身用品上，確實應該多花些心思。

西裝與皮鞋自然不在話下，連手錶、領帶、襪子、包包、大衣、手帕、名片夾、筆記本與文具等，都應該抱著以下態度：「客人隨時都在觀察你。」

不要只是因為別人推薦或因為是名牌就購買，而是要親自選擇每一樣用品。

選擇自己真正喜歡、認同的物品，才會建立起情感連結，也會讓你在日常工作中保持良好的心情與自信。

你的西裝與隨身物品，就是幫你宣傳的全版廣告。如果你是老闆，你的外表形象就代表公司的樣貌。

第一印象至關重要。若外表得體、形象專業，對方自然會對你另眼相看，對話也更容易順利展開。相反的，如果衣著廉價、皺巴巴，配件看起來寒酸無光，無論你實力多強，對方對你的評價仍可能大打折扣，甚至讓你與成功擦肩而過。

即使身處中小企業，也不該在形象上自我設限。請把西裝與配件視為必要的業務投資。只要能幫助你增加信任、打開市場，這筆支出就不是成本，而是回報率極高的投資。筆電和智慧型手機也是一樣，使用新型機種，可以讓人留下走在時代前端的印象。

當年一臺筆電要價五十萬日圓（按：約新臺幣九萬元）左右時，我就讓旗下所有業務人員人手一臺。我也率先導入視訊電話與手機。正因為我們導入這些設備，外界覺得我們很願意嘗試新東西，所以常常主動談新的事業合作。

雖然花了不少錢，但從宣傳對外形象的角度來看，這些都是非常有效的投資。

4 人事異動就是商機

想成為業務高手，平常不能只跟客戶的窗口打交道，還要主動與各部門的人建立關係，變成消息靈通的人。

當你把某個重要資訊告訴真正需要的人，對方會很感激，同時應該也會對你刮目相看。

雖然遵守法規已是社會共識，資訊也不容易外流，但只要關係熟了，就能意外聽到不少內部消息。

在人事異動的期間，你可以隨口問一句：「○○是不是要調去○○部門？」即使不是真的想確認，對方可能會下意識回應：「不是，他是要調去△△。」像這樣一來一往，你就掌握到第一手內部消息。

人事異動是辦公室裡最熱門的話題之一，若你再透露這些消息給當事人，對方往往會因此開心，也可能對你留下深刻印象。

要獲得這些情報，光靠閒聊還不夠。平時就要不計利益的幫對方解決煩惱、分擔困難。這些看似微不足道的積累，正是建立穩固人際關係的基礎。有一天當你遇上瓶頸，對方也很可能會願意反過來幫你一把。

此外，不要只顧有影響力的人，沒有升遷野心、相對坦率的人，同樣也要保持良好的互動。這類對職場鬥爭不感興趣的同事，反而會在不經意間透露更多實情。例如，我常開玩笑問：「下年度的計畫，可以稍微劇透一下嗎？」結果對方還真的說了幾句。

對業務人員而言，情報就是命脈。誰能更早掌握對手還不知道的資訊，就能在競爭中搶得先機。

用售後服務，拿到下一次訂單

就算已經成為金蛙，也不能做賣完就結束的生意。售後服務也要發揮創意，打造出屬於自家企業的獨特風格。若只是跟其他公司差異不大的服務，就無法讓客戶留下深刻印象。

交付產品後，務必要確認客戶的滿意度。大約交貨三個月後，可以打電話或寄明信片關心一下：「這段期間使用起來還順利嗎？」

這種售後服務，其重要的程度堪比產品本身。如果能讓客戶感受到你的關心，而不是「賣完就不管」，你就更有機會拿到下一次的訂單。

如果你的商品或服務是針對一般消費者（Business to Consumer，簡稱B2C），在顧客小孩生日或結婚紀念日寄賀卡，也是個不錯的做法。當然，前提是要先建立好會員註冊等機制，取得顧客資訊。

事實上，顧客遠比你想像的更健忘。所以請務必思考，如何讓對方在一年內再次造訪或再次下單。

第 8 章

我的公司，超過 200 家企業搶著要

1 吸引志同道合的人才

在利基市場中成為唯一的存在，也就是變身金蛙之後，究竟會帶來哪些好處？**當你成為金蛙，員工也會開始積極投入工作，整個團隊的士氣自然提升，業績也會隨之成長。**

即使新事業最終未能成功，公司內部也會認為這是積極嘗試新方向，不會因此受到責難或產生負面觀感。

只要能維持開放、正向的組織氛圍，便能持續湧現創意，也有助於下一個利基事業的誕生。

此外，利基商品本身就容易引起媒體關注，帶動外部話題與曝光機會。不僅能提高品牌能見度，也會讓員工對公司產生認同與自豪感，並進一步凝聚正向的團隊文化。

最重要的是，領導者本身必須保持樂觀與積極。

如果某項新事業不順利，導致公司士氣低落，就再創造下一個利基事業，來重新點燃團隊氣氛。無論員工狀態如何，身為經營者的你都不能被負面氣氛影響，而是要堅定不移的追尋下一個利基事業。

金蛙的魅力之一，就是能吸引優秀人才。

一般來說，中小企業想要招募優秀人才並不容易，但我自己在創造出利基商品與利基服務之後，幾乎沒有徵不到人的問題。

舉例來說，像是日本慶應大學、明治大學、法政大學、同志社大學、芝加哥大學（The University of Chicago）、佛羅里達大學（University of Florida）等，這些名校畢業生平常根本不會把中小企業放在眼裡，卻願意加入我們公司。

另外，我也曾邀請來自日本恩悌悌（Nippon Telegraph and Telephone，簡稱NTT）、恩益禧、京瓷（KYOCERA）、松下電器（Panasonic）、日立電池（現為Energy System Service Japan）等大型企業的資深員工加入，擔任公司職員或顧問。我想，正因為我們經營的是獨一無二的利基事業，才讓這些人願意合作。

這些大企業出身的資深員工加入，也幫我們打通了與大型企業的管道，大幅提升業務推展的效率。

找出優秀人才、並說服他們加入公司，是身為老闆的重要職責。如果你這個人本身沒有魅力、事業與產品也缺乏吸引力，就沒有人會想加入。

中小企業未來的成敗關鍵，在於是否能順利吸引優秀人才。正因如此，我們更需要創造利基商品與服務，讓公司蛻變成為金蛙。

志同道合的夥伴自然會靠過來

金蛙的另一個魅力，是會吸引人才主動靠近你，表示「你們做的事好像很有趣，我也想幫忙」、「我也想一起做點什麼」。也因為這樣，夥伴越來越多，甚至會因此誕生出連自己都沒預料到的新事業。

舉例來說，我曾因為推動某項新事業，進一步成立非營利組織法人（Non-

Profit Organization，簡稱NPO）。之後，也吸引許多大型企業的協力者加入，於是單靠一家公司難以完成的大型企劃，也變得輕而易舉。

此外，對於金蛙企業，政府機關往往也願意積極給予支援。

媒體方面，我們公司曾多次被電視臺與報紙採訪報導，使得曝光度大大提升。透過這樣的網絡擴張，也會讓你取得更多原本接觸不到的資訊。

金蛙在參加展覽會時，亦能吸引大批人潮並聚集一群風格獨特、有趣的人。

正所謂：「物以類聚。」**只要你持續做有趣的事，自然就會吸引到同樣有趣的人加入。而若能與這些腦袋靈活、喜歡挑戰的人一起工作，才會有意思。**

2 就算遇上大企業，我也平起平坐

只要成為利基市場中獨一無二的公司，就能拿下原本地方中小企業難以企及的大型企業客戶。我的公司據點設在金澤市鄉下地區，但在業績高峰時期，有將近八成的營收，來自該地區以外的企業。

一旦成功與大企業建立合作關係，公司聲望自然水漲船高，其他大企業的合作邀約也會接踵而至，甚至被客戶推薦給其他企業。

到了這個階段，就不必再依賴下游代工，而是能從一開始就針對大企業規畫新事業。

談判時更有優勢

多數中小企業往往處於弱勢，只能接下代工案，不僅無法挑選合作條件，連價格也只能聽從對方開價。

但若擁有無可取代的獨門商品，就能跳脫代工角色，取得價格談判的主導權，甚至有條件拒絕不合理的案子，追求更高利潤。

利基商品沒有可比較的替代品，自然能訂出屬於自己的價格。我也曾多次憑藉這類商品，跳過比價與競標程序，直接與客戶簽下專案合約。

與其成為層層轉包中的一員，不如成為擁有獨特產品與定價權的金蛙，建立真正有利可圖的商業模式。

不斷推出新事業的公司，會吸引更多優質企業，進而帶動營收成長、資產增加。與優良企業建立交易關係，除了可以大幅提升公司的信賴度與企業價值，也能進一步提高品牌評價與知名度。

成為炙手可熱的公司

我大約在十年前建構了公司自有的辦公大樓，也買下倉庫來增加資產。當時，我特別講究建築設計，讓公司的外觀與內部裝潢，都符合利基企業的形象。同時，我在屋頂裝設太陽能發電設備，透過售電事業創造額外收入，也提升了員工士氣，成功招募到優秀的新進人員。

此外，我也非常重視公司整潔，不論是拔除院子裡的雜草，還是維持室內一塵不染，我從不馬虎。

也正因為如此，在我決定出售公司時，收到了超過兩百家企業的併購提案。

既然都創業了，就不要只圖個人滿足，而是要打造一間「大家搶著要」、「讓人羨慕」的企業——這才是金蛙的最終目標。

3 退出市場，我最漂亮的轉身

我一共創辦了四家公司，並在二〇二二年一次售出。

這不是一開始就有的計畫，而是某天，我接到一通來自一家企業併購顧問公司的電話：「有好幾家企業想買下你的公司。」

從這通電話開始，我才開始認真考慮出售。

最後，我選擇與其中一家公司簽訂了股權讓渡契約。我認為，與其等到七、八十歲才開始煩惱交棒問題，不如趁自己還健康、有活力時做出決斷，才是最明智的選擇。

我一直認為，經營者不該做到太老甚至永不退休。現在回頭看，我甚至認為更早決定退場也沒關係。

長期處於高位，容易讓組織失去活力，個人也難免自滿，事業因此停滯不前。正因如此，我始終不斷挑戰新的領域，以避免陷入僵化與保守。

如果一家公司幾十年來業績始終如一、工作內容毫無變化，換個領導人，對組織來說，反而會帶來最好的刺激。業績停滯不前，絕對是經營者的責任。如果沒有任何改善的跡象，身為領導者就應該坦然卸任、承擔責任。

我也曾深刻感受到能力的極限，當時公司營收始終無法突破十億日圓。儘管我知道這是我的責任，但現實中，還是有不少經營者始終認為自己最厲害。但如果經營狀況遲遲沒有起色，就該認真考慮主動退場。

我現在六十二歲，還有大約十幾年可以再挑戰其他事業。轉換跑道不是退縮，而是重新整理經驗、回顧反省自己的機會，並藉此用不同的角度重新看待人生與事業。對我而言，是非常寶貴的轉捩點。

能讓大企業願意併購的中小企業並不多，但我能順利退場，這要歸功於自己始終專注於經營利基事業，也就是所謂的金蛙。

近年來，越來越多中小企業主因為找不到接班人而苦惱。但如果你的公司夠有特色，也穩定獲利，我認為不需要煩惱這種事。

從現在開始也不嫌晚，讓我們一起努力，把公司打造成金蛙，成為人人稱羨、備受肯定的企業。

雖然轉讓事業原本不在計畫內，但我認為，對於正在閱讀本書的經營者來說，不妨現在就開始思考，什麼時候交棒或出售。

後記
沒人競爭，讓我做到無可取代

我從二十八歲創業，一路經營到五十九歲，最後交給接班人。雖然後來接班人沒能順利成長，最後決定出售公司，但我完全不遺憾。因為我相信，自己已盡全力，沒有任何遺憾。

這次出版的契機，讓我重新整理了這三十二年來的心路歷程，也得以彙整成一本書，留下紀錄。我要深深感謝過去與我並肩作戰的所有員工，以及一直在背後支持我的家人。

放眼望去，我發現仍有許多經營者苦於營收問題，也有不少人在人力資源上備感壓力。

正如這本書中反覆提到的，失敗其實是邁向成功的過程。因為害怕失敗就遲遲不敢邁出下一步，只會讓你的未來停滯不前。

如果本書能為你帶來一點勇氣，讓你想嘗試挑戰利基新事業，或開發出獨一無二的商品，將是我最大的喜悅。

如果能提供正準備創業的年輕人一點點的指引與靈感，對我而言，更是一種無上的榮幸。

未來，我也會持續投入協助新創事業的相關工作。無論是發想點子，還是制定銷售策略，我都會全力以赴。

我還有很多想挑戰的事，例如創立YouTube頻道「放浪熊先生的挑戰」，並計畫就讀四年制的函授大學（按：遠距教學學校），開啟人生另一段全新的旅程。

我深信，只要懷抱好奇與上進心，不論幾歲，人生都可以持續進化，我們都還擁有無限可能。

最後，我要衷心感謝NEXT-S公司的松尾促成這本書出版，以及subarusya出版社的總編輯菅沼。對於從未涉足出版界的我而言，能完成這本書，是無比珍貴的經驗，謝謝你們的信任與陪伴。

未來的社會環境或許將更加嚴峻，但我真心期盼，有越來越多來自井底的金蛙勇敢躍出、茁壯成長，改寫自己的舞臺，改變世界的一角。

國家圖書館出版品預行編目（CIP）資料

沒有競爭對手的利基市場聖經：不打價格戰、不接代工、毛利低於三成不做，找出大企業不想插手的市場，紅海變藍海最佳實務。／熊谷亮二著；黃怡菁譯 .
-- 初版 . -- 臺北市：大是文化有限公司，2025.09
256 面；14.8×21 公分 . --（Biz；494）
譯自：競争しないから儲かる！ ニッチな新規事業の教科書
ISBN 978-626-7762-05-9（平裝）

1. CST：商業管理　2. CST：策略規畫

494.1　　114008153

Biz 494

沒有競爭對手的利基市場聖經

不打價格戰、不接代工、毛利低於三成不做，
找出大企業不想插手的市場，紅海變藍海最佳實務。

作　　者／熊谷亮二
譯　　者／黃怡菁
校對編輯／劉宗德
副 主 編／黃凱琪
副總編輯／顏惠君
總 編 輯／吳依瑋
發 行 人／徐仲秋
會計部｜主辦會計／許鳳雪、助理／李秀娟
版權部｜經理／郝麗珍、主任／劉宗德
行銷業務部｜業務經理／留婉茹、專員／馬絮盈、助理／連玉
　　　　　　行銷企劃／黃于晴、美術設計／林祐豐
行銷、業務與網路書店總監／林裕安
總 經 理／陳絜吾

出 版 者／大是文化有限公司
臺北市 100 衡陽路 7 號 8 樓
編輯部電話：（02）23757911
購書相關諮詢請洽：（02）23757911 分機 122
24 小時讀者服務傳真：（02）23756999
讀者服務 E-mail：dscsms28@gmail.com
郵政劃撥帳號：19983366　戶名：大是文化有限公司

香港發行／豐達出版發行有限公司 Rich Publishing & Distribution Ltd
地址：香港柴灣永泰道 70 號柴灣工業城第 2 期 1805 室
Unit 1805, Ph.2, Chai Wan Ind City, 70 Wing Tai Rd, Chai Wan, Hong Kong
電話：21726513　傳真：21724355　E-mail：cary@subseasy.com.hk

封面設計／ KAO
內頁排版／王信中、黃淑華
印　　刷／鴻霖印刷傳媒股份有限公司

出版日期／ 2025 年 9 月初版
定　　價／新臺幣 460 元（缺頁或裝訂錯誤的書，請寄回更換）
I S B N ／ 978-626-7762-05-9
電子書 ISBN ／ 9786267762042（PDF）
9786267762035（EPUB）